Untersuchungen aus dem Flußbaulaboratorium
der Technischen Hochschule Karlsruhe

Wasser- und Geschiebebewegung in gekrümmten Flußstrecken

Die Führung von Hochwasserdeichen
Mit 34 Abbildungen

Von

Dr.-Ing. H. Wittmann
o. Professor an der Technischen Hochschule Karlsruhe

Die Berechnung mittels der Potentialtheorie
Mit 11 Abbildungen

Von

Dr.-Ing. P. Böss
Professor an der Technischen Hochschule Karlsruhe

Berlin
Verlag von Julius Springer
1938

Alle Rechte, insbesondere das der Übersetzung
in fremde Sprachen, vorbehalten.

ISBN-13: 978-3-642-98133-3   e-ISBN-13: 978-3-642-98944-5
DOI: 10.1007/978-3-642-98944-5

Copyright 1938 by Julius Springer in Berlin.

softcover reprint of the hardcover 1st edition 1938

Vorwort.

Im Auftrage der Reichswasserstraßenverwaltung, Rheinstrombauverwaltung Koblenz, führte das Flußbaulaboratorium der Technischen Hochschule Karlsruhe in den Jahren 1935 und 1936 Untersuchungen über die Führung von Hochwasserdeichen und die Lage von Vorlandabgrabungen an einer Stromstrecke des Niederrheins durch. Da die Lösungen nach den bestehenden Regeln nicht befriedigten, wurden die Versuche an Modellen verschiedener Maßstäbe und Größen, mit fester und beweglicher Sohle erweitert, so daß die Ergebnisse über den Einzelfall hinaus allgemeine Bedeutung für die Linienführung von Hochwasserdeichen und die Anordnung von Abgrabungen haben.

Bei den Untersuchungen diente die Potentialtheorie als Grundlage für die Betrachtung der Wasser- und Geschiebebewegung in gekrümmten Flußstrecken. Da die wirkliche Flüssigkeitsströmung mit der Theorie nicht übereinstimmt, mußten die Abweichungen nach Größe und Richtung im einzelnen bestimmt werden. Rechnung und Beobachtung ergaben hierbei gute Übereinstimmung.

Über den Inhalt wurde auf der ersten Tagung des Internationalen Verbandes für wasserbauliches Versuchswesen in Berlin, 4.—7. Oktober 1937, auszugsweise berichtet.

Karlsruhe, im Oktober 1938.

Wittmann.

Inhaltsverzeichnis.

Seite

I. Die Führung von Hochwasserdeichen in gekrümmten Flußstrecken. Von Prof. Dr.-Ing. H. WITTMANN, Karlsruhe 1
  A. Allgemeines 1
  B. Das Modell, die Untersuchungsverfahren und die grundsätzlichen Feststellungen 2
  C. Überprüfung der Ergebnisse durch Messungen in der Natur 6
    1. Untersuchungen am Niederrhein 6
    2. Untersuchungen an der Murg bei Rastatt 8
    3. Untersuchungen am Neckar bei Heilbronn 9
    4. Weitere Beobachtungen 9
  D. Die Abflußleistungen der einzelnen Querschnitte und Querschnittsteile 10
    1. Parallel zum Mittelwasserbett geführte Hochwasserdeiche 11
    2. Von der Achse des Mittelwasserbettes abweichende Linienführung der Hochwasserdeiche 12
    3. Abgrabungen 14
    4. Zusammenfassung 17
  E. Untersuchung an einer Strecke des Niederrheins 18
    1. Das Modell mit fester Sohle 19
    2. Das Modell mit beweglicher Sohle 21
    3. Zusammenfassung 23
  F. Die Hochwasserschutzmaßnahmen an der Donau bei Straubing 23

II. Die Berechnung der Wasserbewegung in gekrümmten Flußstrecken mittels der Potentialtheorie und ihre Überprüfung durch Modellversuche. Von Prof. Dr.-Ing. P. BÖSS, Karlruhe 29
  A. Allgemeines über den heutigen Stand der praktischen Hydraulik und ihre Weiterentwicklung 29
  B. Die Potentialströmungstheorie und ihre Anwendung im praktischen Wasserbau .. 30
  C. Die Potentialbewegung in gekrümmten Flußstrecken 34
    1. Die einfache Kreisströmung 34
    2. Die Wasserbewegung in beliebig gekrümmten Flußstrecken 36
  D. Die Ermittlung der Geschwindigkeits- und Druckverteilung auf Grund der Potentiallinien 37
  E. Die Abweichungen der wirklichen Strömung von der Potentialbewegung, ihre Ursachen und Auswirkungen 38
    1. Die Ablösungserscheinungen 38
    2. Die Entstehung der Spiralströmung in gekrümmten Flußstrecken 38
    3. Die Umgestaltung des Flußbettes auf Grund der Spiralströmung und ihre Verhinderung 39
  F. Vergleich der Versuchsergebnisse mit der Potentialströmung 40
  G. Zusammenfassung 43

I. Die Führung von Hochwasserdeichen in gekrümmten Flußstrecken.

Von Professor Dr.-Ing. H. WITTMANN, Karlsruhe.

A. Allgemeines.

Für die Linienführung von Hochwasserdeichen an einem Flußbett, das die Mittel- oder kleineren Hochwasser abführt und im folgenden als Mittelwasserbett bezeichnet wird, besteht nach den Erfahrungen aus dem praktischen Fluß- und Deichbau die allgemeine Regel, daß die Deiche möglichst in der Richtung des Hochwasserabflusses verlaufen sollen und trotz der Flußkrümmungen schlanke Deichlinien zu wählen sind. Auch soll der Abstand der Deiche möglichst gleich bleiben. In Flußstrecken, deren Grundriß sich aus starken Krümmungen und Zwischengeraden zusammensetzt, wird man mit diesen Regeln sehr bald in Widerspruch geraten, besonders wenn dadurch in einem stark besiedelten und

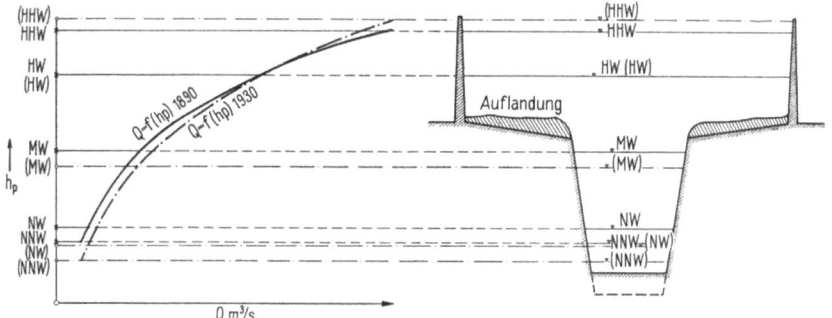

Abb. 1. Veränderung der Wasserstände und der Beziehungen $Q = f(h_p)$ durch Eintiefung des Mittelwasserbettes und Aufhöhung der Vorländer infolge Sinkstoffablagerung.

landwirtschaftlich hochgenutzten Gebiet weite Flächen der Überflutung preisgegeben werden müßten und man feststellen muß, daß große Teile der Überschwemmungsflächen nicht dem Wasserabfluß dienen, sondern nur Totwassergebiete sind. Ihr Wert als Rückhaltebecken ist wegen der geringen Tiefe nur selten so bedeutend, daß eine merkliche Abflachung der Hochwasserwelle erfolgt. Wenn daher eine Tallandschaft gegen Hochwasser geschützt werden soll und man nach Abwägung aller Vor- und Nachteile eine Eindeichung des Flußbettes plant, wird man anstreben, für den Abfluß der schädlichen Hochwassermengen nur den unbedingt notwendigen Raum freizugeben.

Die Erfahrungen an vielen Flüssen und Strömen über die Wirkung von Regelungen auf den Längsschnitt der Sohle haben gezeigt, daß die Höhenbewegungen der Flußsohle bei unrichtiger Bemessung der Querschnitte des Mittel- und Hochwasserbettes in erheblichem Maße verstärkt werden durch Hochwasserdeiche, deren Grundriß und Anlage mehr nach örtlichen Gegebenheiten als durch eine großlinige Planung bestimmt war.

Eine weitere Folge zu ausgedehnter und im Grundriß unvorteilhaft angeordneter Vorländer ist ihre Aufhöhung durch die abgelagerten Sinkstoffe, wodurch sie im Laufe der Jahre unwirksam werden und die Eintiefungsneigungen der Flußsohle vergrößern. Diese Erscheinung hat vielerorts umfangreiche Abgrabungen der Vorländer notwendig gemacht, weil anders die aus Abb. 1

erkennbaren Änderungen der Hoch- und Niedrigwasserstände nicht beeinflußt werden können.

Eine Deichführung und Vorlandgestaltung muß danach folgenden Erfordernissen gerecht werden:

1. Für den Hochwasserabfluß soll nur der unbedingt notwendige Raum freigegeben werden.

2. Verändert sich die Höhenlage der Flußsohle, dann soll bei Eintiefungen das Mittelwasserbett von den Hochwassermengen entlastet und bei Aufhöhungen der Sohle durch die Hochwassermengen belastet werden.

3. Lage und Größe von Abgrabungen sollen ein Optimum der Wirkung erzielen und von Verlandungen durch Geschiebe freigehalten werden.

Die Antwort auf diese allgemeinen Fragen führte in die Probleme der Wasserbewegung in gekrümmten Flußstrecken, wobei es notwendig wurde, die bisherigen Anschauungen zu überprüfen und die neueren Methoden der Hydrodynamik anzuwenden. Im zweiten Teil des Heftes berichtet Prof. Dr.-Ing. Böss über diese Forschungsarbeit.

B. Das Modell, die Untersuchungsverfahren und die grundsätzlichen Feststellungen.

Um zu einer einfachen Anschauung der hydraulischen Vorgänge zu kommen, mußten für die grundsätzlichen Untersuchungen zunächst die verwickelten

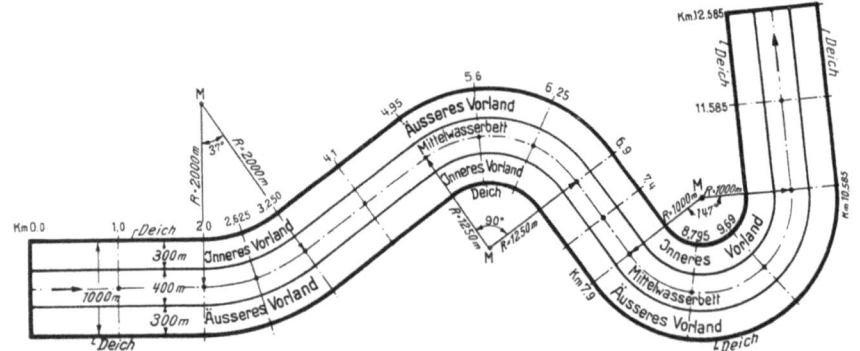

Abb. 2. Form A. Hochwasserdeiche: zum Mittelwasserbett parallel. Vorländer: in den Geraden und Krümmungen gleiche Breite, gleiche Höhenlage.

Erscheinungen bei der Ausbildung von Flußstrecken mit beweglicher Sohle ausgeschaltet werden.

Das Modell erhielt deshalb eine feste Sohle und feste Wandungen. Seine Elemente des Grundrisses und der Höhe sind dem Niederrhein angepaßt. Sie finden sich jedoch bei jedem anderen Flußlauf mit starken Krümmungen, wenn auch mit anderen Abmessungen wieder (Abb. 11). Die Achse des Mittelwasserbettes weist 3 Halbmesser von 2000, 1250 und 1000 m auf, deren Zentriwinkel mit abnehmenden Halbmessern von 37 auf 147° zunehmen (Abb. 2). Die Zwischengeraden werden flußabwärts kürzer und verstärken dadurch die Krümmungswirkungen. Von einer theoretisch besten Linienführung der Achse des Mittelwasserbettes mit Übergangsbogen wurde abgesehen, da die Untersuchungen sich an die tatsächlichen und sehr häufigen Fälle halten sollten, bei denen der Grundriß im wesentlichen aus Kreisbogen und Geraden zusammengesetzt ist.

Der regelmäßige Trapezquerschnitt (Abb. 3) hat eine Gesamtbreite von 1000 m, eine Sohlenbreite des Mittelwasserbettes von 300 m und eine Wasserspiegelbreite von 400 m, sowie beiderseits 300 m breite Vorländer. Die Wassertiefe im Mittelwasserbett beträgt bordvoll 5 m und bei HHQ 12 m. Die Vorländer sind bei HHQ 7,0 m überflutet und steigen 1:200 vom Mittelwasserbett nach den Deichen an.

Die Untersuchungen sind für zwei bemerkenswerte Hochwassermengen ausgeführt worden: für die höchste und selten auftretende Abflußmenge $HHQ = 12000$ m³/s und für ein gewöhnliches Hochwasser von 6000 m³/s (Abb. 3).

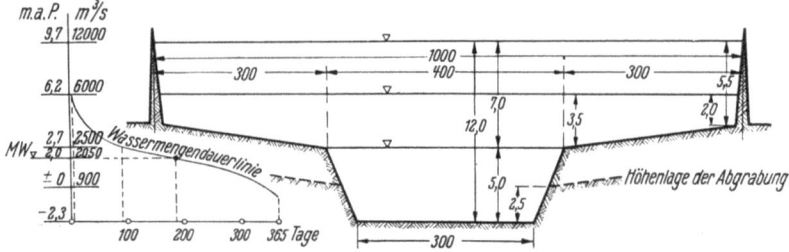

Abb. 3. Querschnitt der Versuchsstrecke.

Im Modellmaßstab der Höhen 1:100 ergaben sich bei $Q = 12000$ m³/s Überströmungshöhen des Modells von 7 bis 5,5 cm, die in Krümmungen auf 5 bis 4 cm zurückgingen, und bei 6000 m³/s Überströmungshöhen von 3,5 bis 2 cm, die sich auf 2 und 1 cm verminderten. Mit kleineren Tiefen konnte nicht gearbeitet werden, da dann die Kapillarkräfte des Wassers die Vorgänge wesentlich beeinflussen. Der Modellmaßstab der Länge und der Breiten war 1:500, so daß das Modell bei einer Länge von 25,2 m eine Naturstrecke von 12,585 km umfaßte. Das Modell, in fünffacher Verzerrung, wurde aus Beton mit feinem Glattstrich gebaut (Abb. 4).

Die besonders sorgfältig auszuführenden Wasserspiegelmessungen erforderten ein engmaschiges Netz von Beobachtungspunkten. Es waren in 17 Querschnitten je 5 Beobachtungsrohre an eine Piezometereinrichtung angeschlossen, so daß außer den Wasserspiegelhöhen in den Querschnitten die Längsschnitte in 5 Ebenen bestimmt werden konnten. Die Höhen des Wasserspiegels konnten somit in 85 Punkten festgelegt werden.

Aufgestaute Papierschnitzel gaben die Oberflächenströmungen (Abb. 5 u. 6) und leuchtende, intermittierend belichtete Oberflächenschwimmer die Größe der

Abb. 4. Das Modell mit den Meßeinrichtungen.
Maßstab der Längen und Breiten 1:500.
Maßstab der Höhen 1:100.

Oberflächengeschwindigkeiten (Abb. 7). Bei der photographischen Aufnahme kennzeichnet die Länge eines weißen Striches den Weg eines Schwimmers in einer Sekunde.

Die Richtungen der Sohlenströmungen sind zum Vergleich mit den Oberflächenströmungen durch Schwimmer deutlich gemacht, die sich an Stahlnadeln frei bewegten. Der lange Schwimmer gibt die Richtung der Sohlenströmung, der kurze Schwimmer die der Oberflächenströmung an (Abb. 8). Die Abb. 5, 6, 7 und 8 sind aus photographischen Aufnahmen der Einzelstrecken zusammengesetzt.

Aus den Abb. 5, 6 und 7 ergeben sich folgende grundsätzliche Feststellungen: In den Beschleunigungsbereichen oberhalb des Scheitels der Krümmungen (s. zweiter Teil) liegt die Strömung am Deich an; unterhalb des Scheitels, in

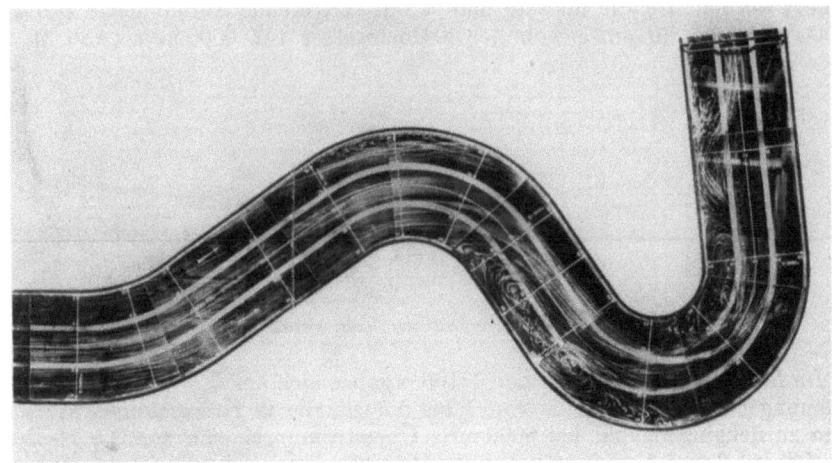

Abb. 5. Oberflächenströmungen; $Q = 12000$ m³/s.

den Verzögerungsstrecken, löst sich die Strömung ab und überdeckt das Vorland mit Wasserwalzen. Die Neigung zur Ablösung ist um so größer, je stärker das Druckgefälle oder je stärker die Krümmung ist. Es bildet sich daher in der ersten, flachen Krümmung von 2000 m Halbmesser keine Ablösung. Obwohl auch hier die Oberflächenteilchen sichtbar nach außen streben, wird die

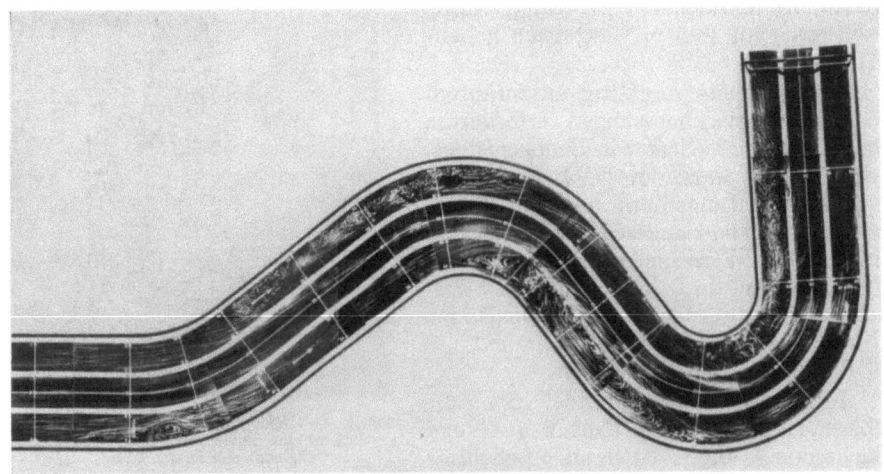

Abb. 6. Oberflächenströmungen; $Q = 6000$ m³/s.

Ablösung durch von unten nachdringende Wasserteilchen soweit ausgeglichen, daß nur ein Ansatz einer sichtbaren Ablösung entsteht. Nimmt die Überströmungshöhe des Vorlandes ab, z. B. für $Q = 6000$ m³/s (Abb. 6), und verstärkt sich der Einfluß des Energieverlustes durch Reibung, so zeigt sich auch in der Krümmung mit 2000 m Halbmesser unterhalb des Scheitels ausgeprägte Ablösung.

Besonders auffallend ist die Ablösung am äußeren Ufer der Krümmung oberhalb des Scheitels (Abb. 5 u. 6). Sie entsteht wiederum dadurch, daß die

Wasserteilchen in die Gebiete größeren Druckes eindringen wollen, es aber nicht vermögen, weil ihnen unter dem Einfluß der Wand- und Sohlenreibung die Energie entzogen wurde, die sie für die Überwindung des Druckes nötig hätten.

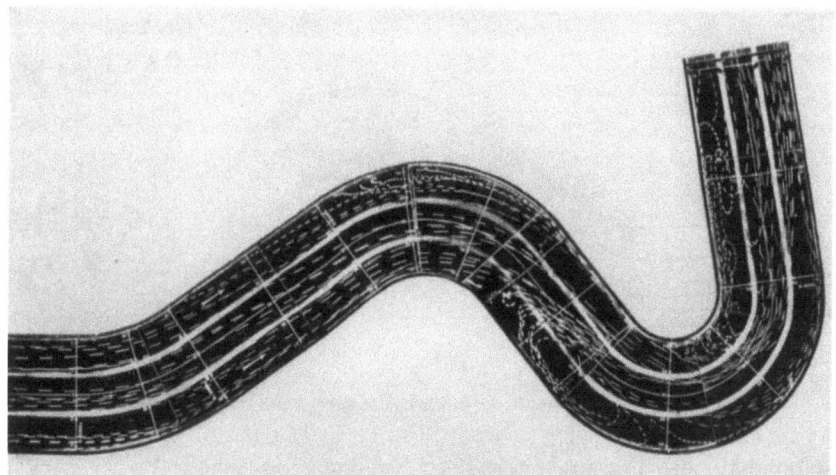

Abb. 7. Größe der Oberflächengeschwindigkeiten; $Q = 12\,000$ m³/s.

Gewährt schon Abb. 7 einen Einblick in die Größe der Strömungsgeschwindigkeiten, so zeigt noch deutlicher Abb. 9 den aus den Meßergebnissen gewonnenen, zusammenhängenden Verlauf der Größe der Oberflächengeschwindigkeiten, bei

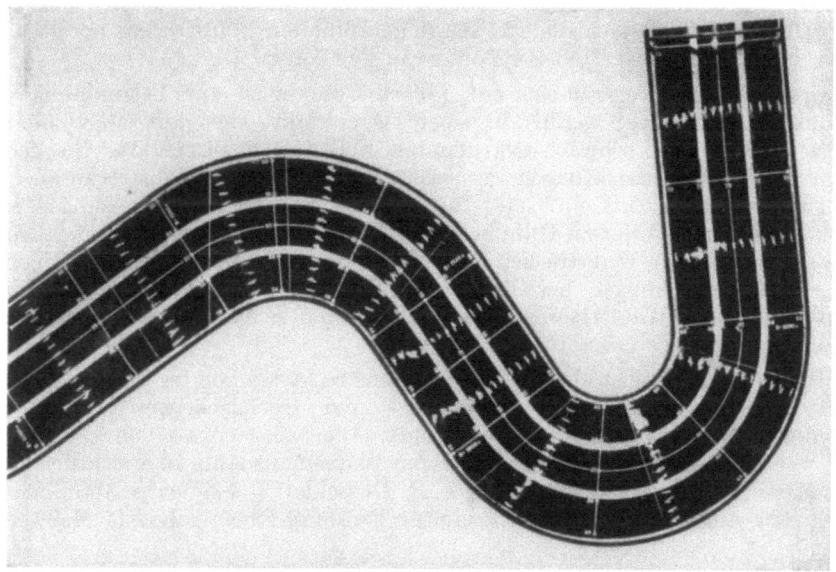

Abb. 8. Richtung der Oberflächen- und Sohlenströmung; $Q = 12\,000$ m³/s. Lange Schwimmer Sohlenströmung. Kurze Schwimmer Oberflächenströmung.

der insbesondere die Lage der Geschwindigkeitslinie 3,0 m/s die grundsätzlichen Feststellungen anschaulich macht.

Aus Abb. 5 des zweiten Teiles und den vorhergehenden Feststellungen lassen sich für eine beliebige Stromstrecke mit Bogen und Zwischengeraden, deren Querschnitt in Mittelwasserbett und Vorländer gegliedert ist (Abb. 33, Form a) allgemein die Strömungsverhältnisse entwickeln. Am äußeren Ufer oberhalb des Bogenscheitels Verzögerung, unterhalb Beschleunigung; am inneren

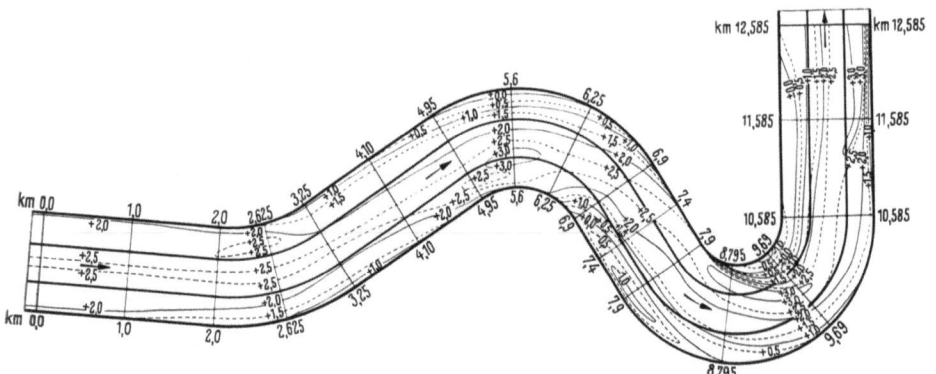

Abb. 9. Verlauf der Oberflächengeschwindigkeiten bei Form A; $Q = 12000$ m³/s.

Ufer oberhalb des Bogenscheitels Beschleunigung, unterhalb Verzögerung der Strömung. In den Verzögerungsstrecken entstehen Ablösungen.

C. Überprüfung der Ergebnisse durch Messungen in der Natur.

1. Untersuchungen am Niederrhein.

Die von den bisherigen Anschauungen abweichenden Ergebnisse über die Verteilung der Fließgeschwindigkeiten in gekrümmten Flußstrecken nötigten zu einer Überprüfung der Modellergebnisse in der Natur.

Geschwindigkeitsmessungen mit Flügeln, die meist zur Bestimmung der Abflußmengen dienen, werden in einem Querschnitt einer gut ausgebildeten, meist geraden oder schwach gekrümmten Flußstrecke ausgeführt. Sie geben nicht die Strömungsrichtungen im Verlauf einer längeren Flußstrecke an. Es ist zwar in letzter Zeit ein Gerät für Mengen- und Richtungsmessungen entwickelt worden, mit dessen Hilfe in kurzer Zeit die Ergebnisse auch für längere, zusammenhängende Flußstrecken festgestellt werden können. Es konnte jedoch für die Untersuchungen noch nicht eingesetzt werden. Daher wurden zur Feststellung der Wasserbewegung die bewährten Schwimmermessungen ausgeführt.

Bei Untersuchungen über die Niederrheinstrecke km 238 bis 243 (bei Düsseldorf) wurden umfangreiche Strömungs- und Oberflächengeschwindigkeitsmessungen mit Schwimmern durchgeführt. Die Meßstrecke I von km 238 bis 241 war mit 3 Schwimmern besetzt, deren Bahnen aus Abb. 10 ersichtlich sind. Die Messungen ergaben bei 3,61 m a. P. Düsseldorf = 3300 m³/s Abflußmenge nach den Angaben des Wasserbauamtes Duisburg-Rhein folgende Meßwerte:

Schwimmer Nr.	Ort des Einsatzes	Laufgeschwindigkeiten der Schwimmer in m/s			
		km 238–239	km 239–240	km 240–241	km 241–242
1	Inneres Ufer;	2,78	2,08	1,67	1,10
2	rechts der	3,33	2,38	2,38	2,03
3	Stromachse	3,33	2,38	2,08	2,38

Hieraus ergibt sich folgendes:

1. In der Strecke km 238 bis 239, also etwa oberhalb des Krümmungsscheitels, in der alle drei Schwimmer am rechten, inneren Ufer liefen, treten sowohl die größten Einzelgeschwindigkeiten wie die größte Durchschnittsgeschwindigkeit der ganzen Meßstrecke auf.

2. In der Strecke km 239 bis 240, unterhalb des Krümmungsscheitels, haben sich die Geschwindigkeiten allgemein gegen die Strecke 238/239 vermindert. Die am linken äußeren Ufer entlang laufenden Schwimmer 3 und 2 weisen die größten Geschwindigkeiten auf.

3. In der Strecke km 240 bis 241, die nach einer sehr kurzen Zwischengeraden in einen Bogen mit dem

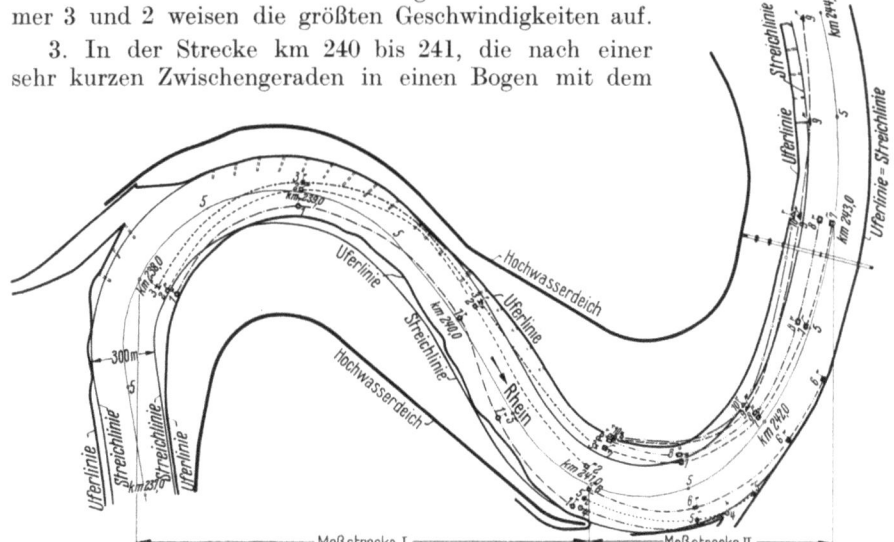

Abb. 10. Niederrheinstrecke km 238 bis 243 (Düsseldorf); Schwimmerbahnen.

entgegengesetzten Krümmungssinn der Strecke 238 bis 239 übergeht, zeigt der am rechten, äußeren Ufer laufende Schwimmer 1 noch bis in die Strecke km 241/242 hinein die geringsten Geschwindigkeiten, während die am oder in der Nähe des linken, inneren Ufers laufenden Schwimmer 2 und 3 wesentlich größere Meßwerte aufweisen.

Die größeren Fließgeschwindigkeiten treten in beiden Krümmungen der Meßstrecke I oberhalb des Scheitels am inneren Ufer, also in der Beschleunigungsstrecke auf.

Die Meßstrecke II ist bis etwa km 242 als Strecke oberhalb des Krümmungsscheitels anzusehen. Die Messungen ergaben nachstehende Werte:

Schwimmer Nr.	Ort des Einsatzes	Laufgeschwindigkeiten der Schwimmer in m/s				Bemerkung
		km 241–241,5	km 241,5–242	km 242–242,5	km 242,5–243	
4	Äußeres Ufer;	1,19	1,00	—	—	Die größten Geschwindigkeiten einer Meßstrecke sind umrandet, die kleinsten unterstrichen.
5	rechts der	1,39	1,39	—	—	
6	Stromachse	2,08	1,67	2,67	—	
7	Inneres Ufer;	2,78	2,78	1,67	2,08	
8	links der	2,08	2,08	1,67	1,67	
9	Stromachse			1,10		
10				0,83		

Den Meßwerten läßt sich entnehmen, daß am äußeren, rechten Ufer bis km 242 die kleineren und am inneren, linken Ufer bis km 242 die größeren Geschwindigkeiten auftreten. Etwa bei km 242 wechselt das Bild und die größten Geschwindigkeiten erscheinen zunächst beim Schwimmer 6 am äußeren Ufer und dann bei den nach dem rechten äußeren Ufer drängenden Schwimmern 7 und 8.

Aus den Ergebnissen der Meßstrecken I und II ergibt sich für die S-Krümmung der Niederrheinstrecke km 238 bis 243, daß oberhalb der Krümmungsscheitel an den inneren Ufern die größeren und an den äußeren Ufern die kleineren Geschwindigkeiten gemessen wurden. Am inneren Ufer liegt demnach die Beschleunigungs- und am äußeren Ufer die Verzögerungsstrecke. Unterhalb des Krümmungsscheitels sind die umgekehrten Verhältnisse feststellbar. Daß sie nicht so deutlich hervortreten, liegt an der starken Umformung der beweglichen Sohle durch die Kaimauern.

2. Untersuchungen an der Murg bei Rastatt.

Die Murg (Abb. 11) hat einen gegliederten Hochwasserquerschnitt, bei dem die Regelmäßigkeit der Gesamtquerschnitte nicht durch nennenswerte Kolke des Mittelwasserbettes gestört wird. Bei einem Hochwasser von $Q = 360$ m³/s und Überströmungshöhen der Vorländer von 1,20 bis 1,50 m wurden an den mit

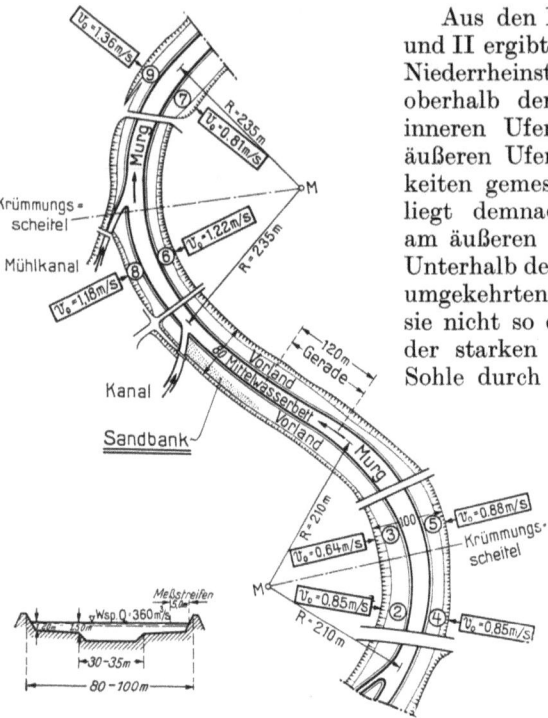

Abb. 11. Murg bei Rastatt. Oberflächengeschwindigkeiten.

2 bis 9 bezeichneten Stellen die Oberflächengeschwindigkeiten in einem Streifen von etwa 5 m Breite flußwärts der Ufer mit folgenden Ergebnissen gemessen:

	Am inneren Ufer	Am äußeren Ufer
Oberhalb der Krümmungsscheitel	Beschleunigungsstrecke Punkt 2: 0,85 m/s Punkt 6: 1,22 m/s	Verzögerungsstrecke Punkt 4: 0,85 m/s Punkt 8: 1,18 m/s
Unterhalb der Krümmungsscheitel	Verzögerungsstrecke Punkt 3: 0,64 m/s Punkt 7: 0,81 m/s	Beschleunigungsstrecke Punkt 5: 0,88 m/s Punkt 9: 1,36 m/s

Es sind am gleichen Ufer die Werte der Beschleunigungsstrecken größer als die der Verzögerungsstrecken: Punkt $2 > 3$; $6 > 7$; $5 > 4$; $9 > 8$. Die Meßwerte sind Mittelwerte aus einer großen Reihe von Einzelmessungen innerhalb des 5 m breiten Meßstreifens und daher von den Zufälligkeiten der Einzelmessung frei.

Bemerkenswert ist, daß sich im Verzögerungsbereich des äußeren Ufers durch Ablagerungen eine ausgedehnte Sandbank gebildet hatte (Abb. 11). Ihre Fortsetzung bis zum Krümmungsscheitel ist durch den Einlauf eines Kanals unterbrochen. Weitere Sandablagerungen in der Verzögerungsstrecke des inneren Ufers unterhalb des Krümmungsscheitels sind in Abb. 11 nicht eingetragen.

3. Untersuchungen am Neckar bei Heilbronn.

Unterhalb der Mündungen der Heilbronner Häfen entstand die aus Abb. 12 ersichtliche Anlandung, die für dauernd entfernt werden sollte. Modellversuche ergaben, daß nach Entfernung der Verlandung beim Krümmungsscheitel km 114, 600, also beim Anfang der Verzögerungsstrecke am inneren Ufer ein Ablösungsgebiet begann. Auch bei den Untersuchungen in der Natur zeigten sich nach Abbaggerung der Verlandung die Ablösungserscheinungen bei einem Hochwasser durch die deutliche Bildung einer Wirbelstraße an der gleichen Stelle wie im Modell. Im Ablösungsgebiet entstand in der Natur und im Modell eine walzenförmige Bewegung. Die größten Fließgeschwindigkeiten lagen oberhalb des Krümmungsscheitels näher am inneren Ufer, unterhalb des Krümmungsscheitels am äußeren Ufer.

Der Verlandung konnte nach den Ergebnissen der Modellversuche wirksam durch eine 15 m lange Abweisbuhne entgegengewirkt werden, da die Strömung dadurch vom äußeren zum inneren Ufer abgelenkt wird.

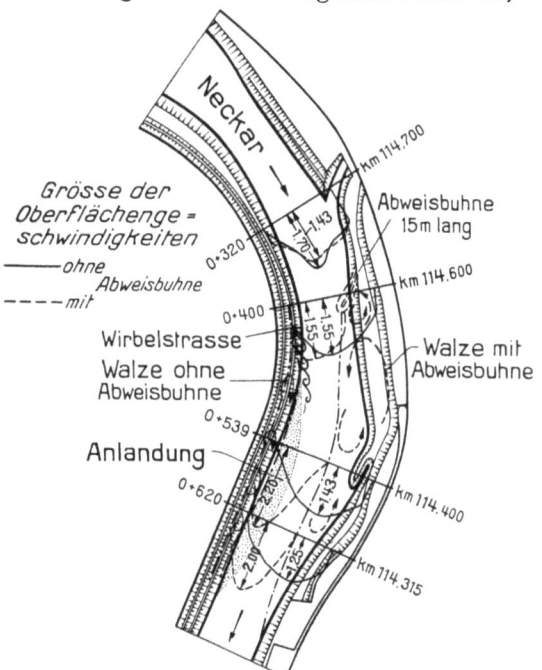

Abb. 12. Neckar bei Heilbronn; Ablösungen und Walzenbildungen.

4. Weitere Beobachtungen.

In seinen Veröffentlichungen, die sich mit der Bewegung des Wassers in gekrümmten Flußstrecken befassen, hat schon BEYERHAUS[1] wiederholt darauf hingewiesen, daß zu Beginn des Strömungsvorganges im allgemeinen die Potentialtheorie zur Geltung komme, daß also die Geschwindigkeiten an der inneren Krümmungsseite infolge des Quergefälles größer sind als an der äußeren. Im weiteren Verlauf ändert sich, wie BEYERHAUS sagt, die Übereinstimmung durch die Umbildung der Sohle.

BEYERHAUS nimmt als Ursache des Quergefälles allerdings die Fliehkraft an.

Ebenfalls unter Einsatz der Fliehkraft als ausschlaggebendes Element für die Bewegung des Wassers in Krümmungen berechnen Dr.-Ing. NATERMANN und Dr.-Ing. MÖHLMANN[2] den Hochwasserabfluß in gekrümmten Gerinnen, wobei sie, was hier wesentlich ist, feststellen, daß die Leistung des inneren Vorlandes größer als die des äußeren Vorlandes ist. Auf die Ergebnisse der Versuche im Karlsruher Flußbaulaboratorium ist dabei hingewiesen.

---

[1] BEYERHAUS: Zbl. Bauverw. 1913, S. 512; 1914, S. 530.
[2] NATERMANN u. MÖHLMANN: Neue Wege der Abflußberechnungen in offenen Gerinnen. Bautechn. 1936, S. 800.

D. Die Abflußleistungen der einzelnen Querschnitte und Querschnittsteile.

Die Ablösungserscheinungen sind im Modell zweifellos intensiver als sie in der Natur zu erwarten sind. Außer der für die angreifenden Kräfte zu großen

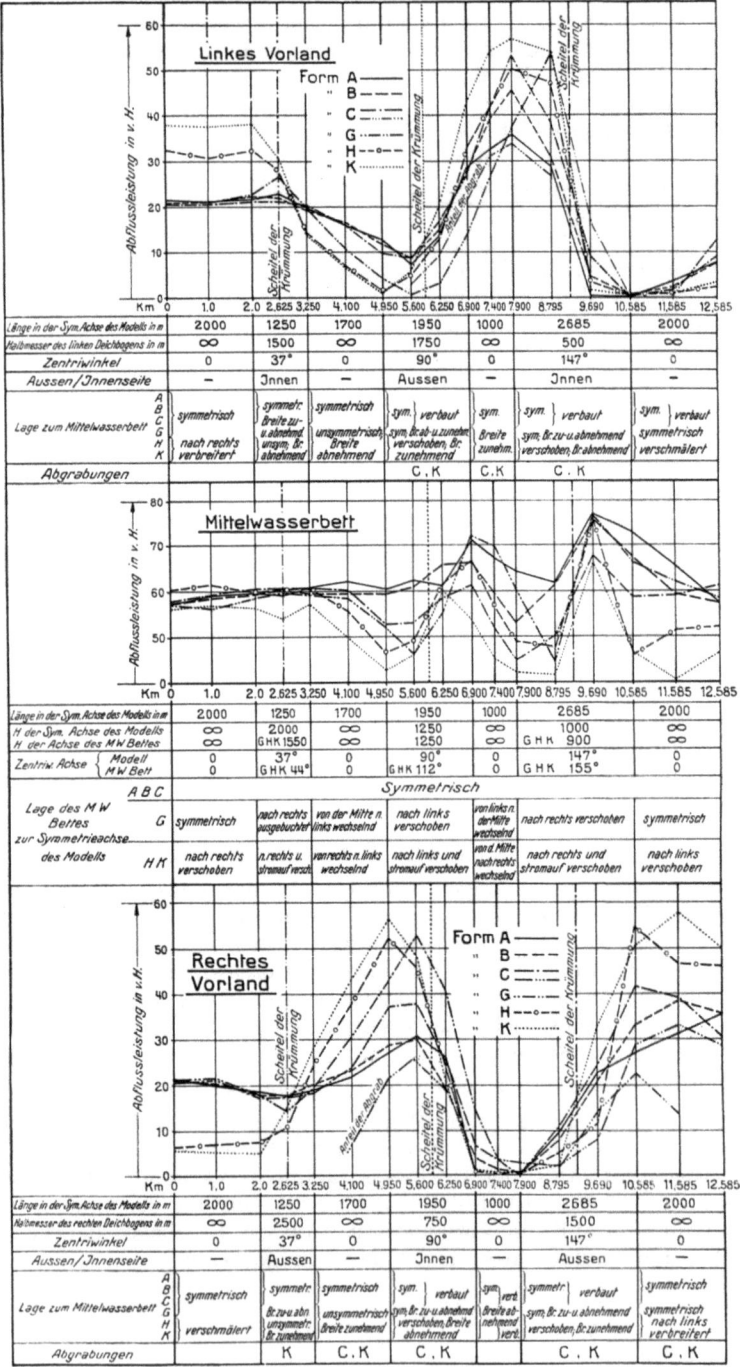

Abb. 13. Abflußleistungen der Querschnittsteile in Prozenten der Gesamtabflußleistung; $Q = 12000$ m³/s.

Zähigkeit der Modellflüssigkeit macht sich selbst bei völlig glatter Sohle und Wand die Rauhigkeit bei der geringen Überströmung des Vorlandes stärker bemerkbar als bei den großen Überströmungshöhen der Natur. Das Vorland, das im Modell ein Walzengebiet ist, wird dabei in der Natur entweder nur von geringen Wassermengen durchströmt oder ein Totwassergebiet sein. Da diese Gebiete, gleich ob Walzen-, Totwasser- oder geringwertige Abflußgebiete, jedoch für den Hochwasserabfluß auszuscheiden sind, besteht in der Frage wo und wie die Deiche zu führen sind, grundsätzliche Übereinstimmung zwischen Modell und Natur. Der Modellversuch kehrt die Strömungserscheinungen nur deutlicher hervor.

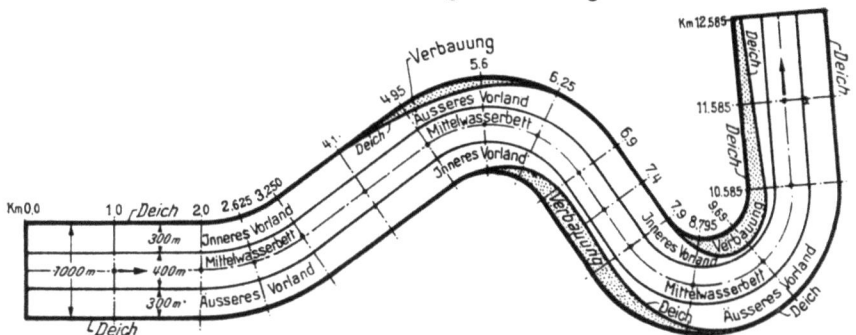

Abb. 14. Form B. Hochwasserdeiche: durch Verbauung der Ablösungsgebiete zum Mittelwasserbett verschoben. Vorländer: in den Geraden und Krümmungen wechselnde Breite, gleiche Höhenlage.

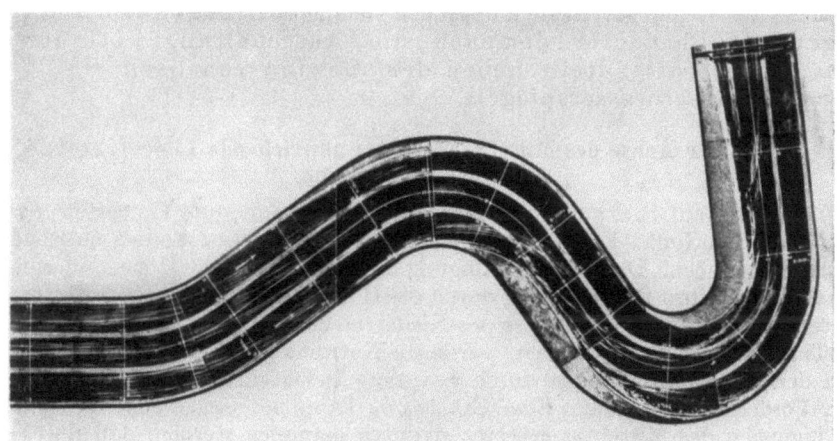

Abb. 15. Oberflächenströmungen, Form B; $Q = 12000$ m³/s.

Der Wert der einzelnen Querschnitte und Querschnittsteile für den Abfluß ergibt sich aus der Verteilung der Abflußmengen über den Querschnitt. Die Abflußleistung der Einzelteile des Querschnitts wird durch die aus Wassertiefe und Geschwindigkeit gerechneten Abflußteilmengen bestimmt.

1. Parallel zum Mittelwasserbett geführte Hochwasserdeiche.

Form A (Abb. 2). In Abb. 13 sind die Abflußleistungen in den einzelnen Querschnitten nach Prozenten der Gesamtabflußleistung = 12000 m³/s getrennt nach Mittelwasserbett, rechtem und linkem Vorland als Ordinaten aufgetragen. Die Abflußleistungen der Vorländer einer Stromkrümmung ändern sich hiernach allgemein so, daß bis etwa zum Scheitel das innere Vorland an Wert gewinnt und das äußere verliert, während vom Krümmungsscheitel an der Wert des inneren Vorlandes abnimmt und der des äußeren gesteigert wird. Die Hauptbelastung der Vorländer wechselt wie die Geschwindigkeiten auf Abb. 9 vom rechten Vorland zwischen km 4,1 und 5,6 zum linken zwischen km 6,9 und 8,795 und wieder zum rechten Vorland von km 8,795 bis 11,585.

Das Mittelwasserbett weist die größten Belastungen in den Querschnitten km 6,9 und 9,690 auf, in denen die Strömung die Uferseiten wechselt.

Form B (Abb. 14). Da für den Hochwasserabfluß nur der unbedingt notwendige Raum freigegeben werden soll, liegt es nahe, die Gebiete, die in Form A (Abb. 5) abflußlos sind und die in der Natur gleichfalls nur wenig zum Abfluß beitragen, durch eine Deichverlegung von der Überströmung auszuschließen. Die Hochwasserdeiche sind daher bei Form B am inneren Ufer unterhalb und am äußeren Ufer oberhalb des Krümmungsscheitels an das Mittelwasserbett herangezogen, so daß der Deichabstand von 1000 m und die gleichmäßige Breite der Vorländer nicht mehr vorhanden ist. Bis auf kleine Reste verschwinden die Ablösungen (Abb. 15), die Geschwindigkeiten nehmen über dem Mittelwasserbett ab und über den Vorländern zu. In der Abflußleistung ändert sich nur wenig. Allgemein werden die Vorländer etwas stärker belastet und das Mittelwasserbett entlastet (Abb. 13).

Sehr wesentlich ist die Feststellung, daß durch Wegnahme der Walzen- und Ablösungsgebiete die Gesamtfallhöhe um etwa 8%, von 53 cm bei Form A auf 49 cm bei Form B, abgenommen hat. Es entfielen die wie sehr rauhe Wandungen wirkenden Walzen, die Mischungsverluste durch die schnell- und langsam strömenden Abflußteile wurden verringert und mit beiden schieden erhebliche Ursachen für Reibungsverluste und großen Gefällebedarf aus. Auf die Natur übertragen, bedeutet demnach die Ausschaltung abflußloser, hemmender Vorlandteile neben dem Gewinn von Land eine Senkung des Hochwasserspiegels.

2. Von der Achse des Mittelwasserbettes abweichende Linienführung der Hochwasserdeiche.

Das erste, auf S. 2 aufgestellte Erfordernis für eine gute Deichführung ist mit Form B erfüllt: Es wird nur der für den Hochwasserabfluß notwendige Raum freigegeben. Die zweite Bedingung bezieht sich auf die Höhenänderungen der Sohle und ihre Beeinflussung durch die Hochwasserdeichführungen. Da den Untersuchungen die Verhältnisse des Niederrheins zugrunde lagen, bei dem sich Sohlensenkungen gezeigt haben, wurde die Notwendigkeit, das Mittelwasserbett von den Hochwassermengen durch geeignete Deichführungen zu entlasten, in den Vordergrund gestellt. Eine Entlastung kann bei vorhandenen Grundrißbedingungen des Mittelwasserbettes dadurch gefunden werden, daß durch die Führung der Hochwasserdeiche das Mittelwasserbett in die Teile des Gesamtgrundrisses zu liegen kommt, die als Verzögerungsstrecken geringe Geschwindigkeiten, Abflußmengen und Schleppkräfte aufweisen, während die Abflußleistung der Vorländer durch ihre Lage in den Beschleunigungsstrecken vermehrt wird. Dementsprechend sind in Abb. 33, Form b zunächst die Symmetrieachsen der Bogen beibehalten, die inneren Vorländer vergrößert und die äußeren Vorländer verkleinert worden. Die Ablösungsgebiete sind verschwunden.

Form G (Abb. 16). Infolge Raummangels konnte das Modell der Grundrißform Abb. 33, Form b nicht genau nachgebildet werden. Es ändern sich dadurch Halbmesser und Zentriwinkel, so daß die neue Form G (Abb. 16) schärfere Krümmungen des Mittelwasserbettes als Form A aufweist. Die Lage des Mittelwasserbettes in der Mitte zwischen den in 1000 m Abstand gleichlaufenden Deichen war nur am Ein- und Auslauf zu erreichen, so daß die Zwischengeraden verlängert werden mußten.

Nach der Abb. 13 ergeben sich zwar Entlastungen des Mittelwasserbettes gegen die Form A in den Querschnitten kurz oberhalb der Scheitel: km 5,6 und 8,795, aber auch ungünstigere Belastungen in den Querschnitten, in denen der Strom das Bett kreuzt: km 6,9 bis 7,9.

Die Versuche haben weiter ergeben, daß infolge der geringen Überströmung der Vorländer die Verlegung des Mittelwasserbettes bei $Q = 6000$ m³/s ohne Einfluß ist. Die Abflußleistung der breiten, 1:200 geneigten Vorländer geht

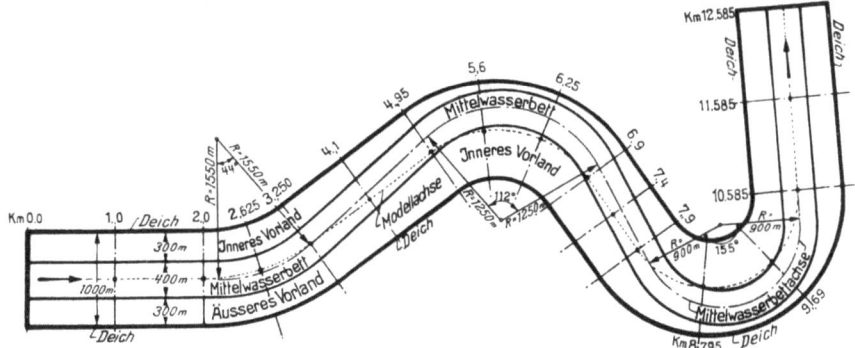

Abb. 16. Form G. Hochwasserdeiche: in den Geraden parallel zum Mittelwasserbett; in den Krümmungen verschiedene Mittelpunkte der Achsen, gemeinsame Winkelhalbierende. Vorländer: wechselnde Breite, gleiche Höhenlage.

sehr rasch zurück, so daß es zwecklos ist, selbst am inneren Ufer etwa durch Abflachen des Deichbogens Vorland für den Abfluß zu schaffen. Bei den geringen Strömungsgeschwindigkeiten ist zudem damit zu rechnen, daß das Vorland durch Schlick und Sand verlagert und bald seiner Aufgabe entzogen sein wird. Die Form G bietet gegen Form A keine nennenswerte Vorteile.

Die hieraus sich ergebende Notwendigkeit, das Mittelwasserbett weiter zu entlasten, führt zum Aufgeben der Symmetrieachse und zur Verschiebung der

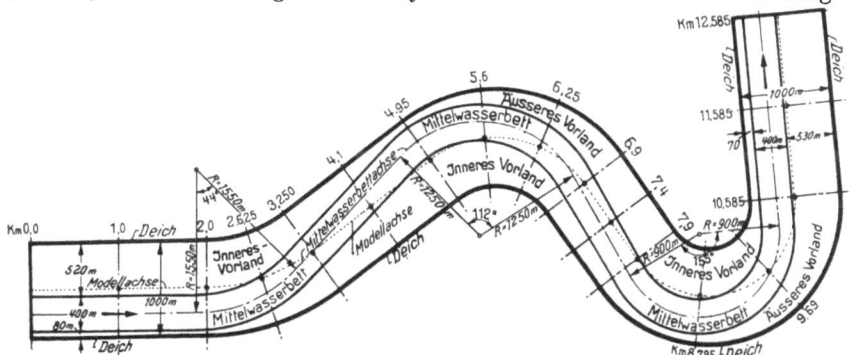

Abb. 17. Form H. Hochwasserdeiche: in den Geraden versetzte Achsen von Hochwasser- und Mittelwasserbett; in den Krümmungen verschiedene Mittelpunkte der Achsen, Hochwasserbett gegen Mittelwasserbett stromabwärts verschoben. Vorländer: wechselnde Breite, gleiche Höhenlage.

Deichbogen um „S" stromabwärts (Abb. 33, Form c). Der Grundriß des Mittelwasserbettes ist gegen Form b unverändert, jedoch sind die Vorländer in den Geraden ungleich geworden. Dadurch werden die Beschleunigungsbereiche der Vorländer vergrößert, während das Mittelwasserbett sehr weit in die Verzögerungsbereiche einrückt.

Form H (Abb. 17). Auch diese grundsätzliche Anordnung konnte nicht auf das Modell übertragen werden. Es wurde die Form G beibehalten, die Achse des Hochwasserbettes gegen die Achse des Mittelwasserbettes verschoben, so daß in den Verzögerungsstrecken schmale, in den Beschleunigungsstrecken breite Vorländer entstehen. Durch das Heranziehen des Mittelwasserbettes an den

Deich oberhalb und in den Scheiteln waren infolge der größeren Wassertiefe Ablösungen nicht mehr zu beobachten.

Mit Ausnahme der Übergangsquerschnitte km 6,9 und 9,690 ist eine Entlastung des Mittelwasserbettes um etwa 15% gegen die Form A erzielt worden (Abb. 13). Die inneren Vorländer führen bis zu 52% der Abflußmengen ab, so daß **unter der Voraussetzung genügend hoher Überströmung der Vorländer die Form H ein Optimum der Verteilung der Gesamtabflußmenge auf Mittelwasserbett und Vorländer in den Krümmungen darstellt.** In der geraden Strecke km 0 bis 2,0 machen sich die 520 m breiten, einseitigen und 1:200 geneigten Vorländer bemerkbar: der Anteil des Mittelwasserbettes wird vergrößert. **Es sind deshalb längere Strecken mit einseitigen Vorländern zu vermeiden und durch geeignete Linienführung doppelseitige Vorländer anzustreben.**

3. Abgrabungen.

Die bisherigen Untersuchungen haben mit den Formen B und H zwar Entlastungen des Mittelwasserbettes für die größte Hochwassermenge $Q = 12000$ m³/s

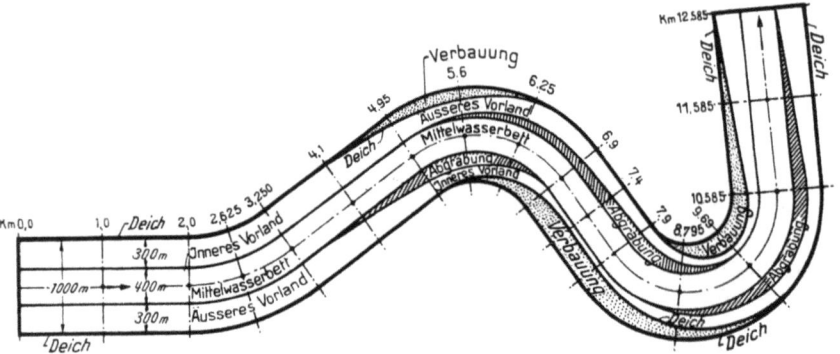

Abb. 18. Form C. Hochwasserdeiche: durch Verbauung der Ablösungsgebiete zum Mittelwasserbettes verschoben. Vorländer: in den Geraden und Krümmungen durch Abgrabung wechselnde Breite, verschiedene Höhenlage.

gebracht. Bei kleineren Hochwassermengen ist jedoch die Wirkung wegen des geringen Anteils der Vorländer am Gesamtabfluß (20 bis 15%) nicht groß. Da die kleineren Hochwasser wegen ihrer Dauer und Häufigkeit stark umbildend und austiefend auf die Sohle wirken, muß das Vorland so umgestaltet werden, daß es auch bei kleineren Hochwassern durch große Tiefen und Geschwindigkeiten vermehrte Abflußleistungen übernehmen kann: es muß abgegraben werden.

Abgrabungen haben nur in den Beschleunigungsbereichen der Krümmungen und den vollbelasteten Teilen der Zwischengeraden Erfolg.

Form C (Abb. 18). Bei parallel zum Mittelwasserbett geführten Hochwasserdeichen ergibt sich aus der Form B durch die Abgrabungen die Form C, die in den Abgrabungsstrecken einen mehrfach gegliederten Querschnitt erhält. Das Mittelwasserbett wird nach Abb. 13 durchgehend sehr stark entlastet, so daß sein Anteil nur im Übergangsquerschnitt 9,690 60% wesentlich überschreitet. In den Vorländern macht sich die stärkere Belastung gegen Form B gut bemerkbar, wobei der sehr wesentliche Anteil der Abgrabungen an den vermehrten Abflußleistungen der Vorländer offensichtlich wird.

Für die Abflußmenge $Q = 6000$ m³/s geht in den Geraden der Anteil der Vorländer, von etwa 20% bei 12000 m³/s auf rd. 5% zurück (Abb. 19). In den Krümmungen werden durch die Abgrabungen die Anteile der Vorländer wieder vergrößert, so daß die Abflußleistung des Mittelwasserbettes mit Ausnahme der Übergangsquerschnitte km 6,250 und 9,690 sich dem Anteil nähert, den das

Mittelwasserbett auch bei $Q = 12000$ m³/s hat. Gegen die Belastung des Mittelwasserbettes der Form B bei $Q = 6000$ m³/s ist eine Verminderung von 12 bis 15% festzustellen.

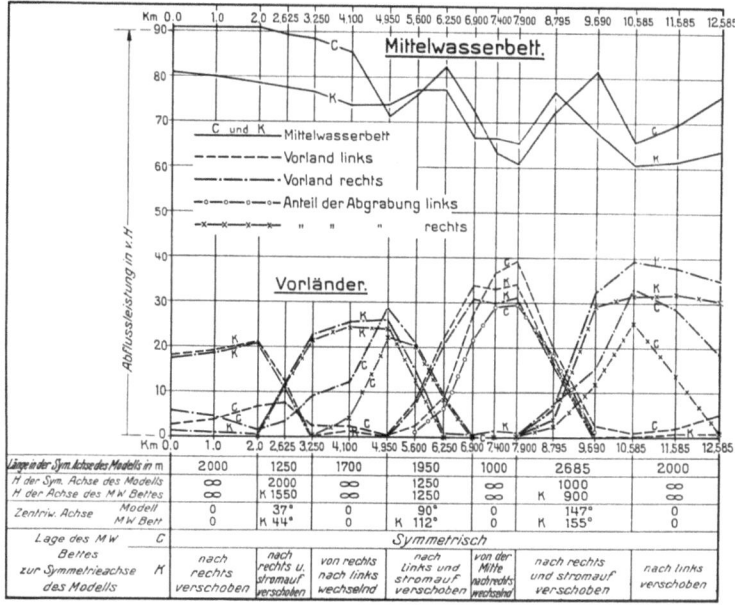

Abb. 19. Abflußleistungen der Querschnittsteile in Prozenten der Gesamtabflußleistung bei Abgrabungen (Formen C und K); $Q = 6000$ m³/s.

Abb. 19 zeigt weiterhin den großen Anteil, den die Abgrabungen an den Abflußleistungen der Vorländer haben.

Abb. 20. Verlandung der Vorländer bei der Form C durch Geschiebewanderung.

Sollen die Abgrabungen nicht nur eine zeitlich begrenzte Wirkung haben, so dürfen sie nicht wieder verlanden. Ein Verlandungsversuch (Abb. 20) zeigte aber, daß das niedere Vorland unterhalb des Krümmungsscheitels infolge der Geschiebewanderung nach dem inneren Ufer verlandet. Die Abgrabungen nach der Form C sind demnach ebensowenig befriedigend, wie es die Entlastungen der Form B waren.

Die beste Wirkung wird zu erzielen sein, wenn in Form H noch Abgrabungen eingefügt werden. Dann ergibt sich in Abb. 33 aus der Form c die Form d und

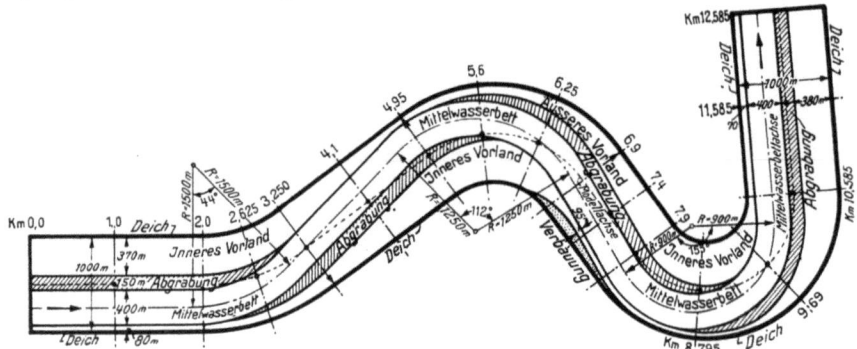

Abb. 21. Form *K*. Hochwasserdeiche: in den Geraden versetzte Achsen von Hochwasser- und Mittelwasserbett; in den Krümmungen verschiedene Mittelpunkte der Achsen, Hochwasserbett gegen Mittelwasserbett stromabwärts verschoben. Vorländer: wechselnde Breite, durch Abgrabung verschiedener Höhenlage.

aus Form H die Form K. Für große Hochwasser entsteht ein fünffach gegliederter Querschnitt, für die kleineren Hochwasser ein dreifach gegliedertes Bett.

Form K (Abb. 21). Die Abgrabungen greifen zur Entlastung der Übergangsquerschnitte ineinander über. Der Deich wurde von km 6,25 an verlegt bis er in einem Abstand von 95 m von dem Mittelwasserbett verläuft. Hebungen des Wasserspiegels treten dadurch ebensowenig auf wie bei den Verbauungen

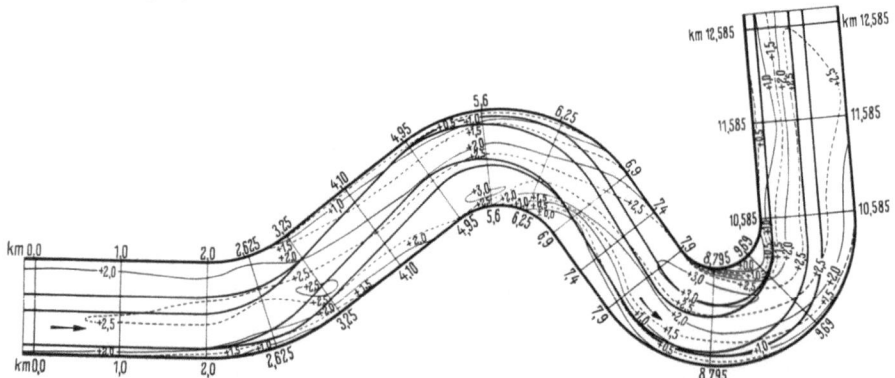

Abb. 22. Verlauf der Oberflächengeschwindigkeiten bei Form K; $Q = 12000$ m³/s.

der übrigen Formen, da das Gebiet bei der Form H nur geringe Abflußleistungen aufwies (Abb. 13).

Für $Q = 12000$ m³/s nimmt die Entlastung des Mittelwasserbettes zwar durchweg ab (Abb. 13), jedoch nicht im Verhältnis der durch die Abgrabungen neugeschaffenen Querschnitte. Hier macht sich das Zusammenhängen der Isotachen bemerkbar, wodurch die Geschwindigkeiten des hochgelegenen Vorlandes durchweg kleiner als bei Form H werden. Die abgegrabenen Vorlandteile haben dadurch Abflußmengen des hochgelegenen Teiles an sich gezogen. Unter dem Einfluß des Übergreifens der Abgrabungen sind die Geschwindigkeiten über dem Mittelwasserbett in den Krümmungen nicht größer als in der unbeeinflußten geraden Anfangsstrecke (Abb. 22).

Wesentlich ist die Entlastung der Übergangsquerschnitte, besonders km 9,69. Mit Ausnahme dieser Belastung und des Querschnittes bei km 6,25 ist die Abflußleistung des Mittelwasserbettes in den Krümmungen geringer als in den geraden Strecken. Ebenso sind die größten Geschwindigkeiten entweder auf das Vorland oder doch mindestens an die Innenseite der Krümmung des Mittelwasserbettes verlegt, so daß der Einfluß der Krümmung auf die Belastung des Mittelwasserbettes als ausgeschaltet angesehen werden kann (Abb. 22).

Das Hochwasser $Q = 6000$ m³/s fließt im wesentlichen innerhalb des Mittelwasser- und Abgrabungsquerschnittes ab. Das hochgelegene Vorland bleibt größtenteils vor Überschwemmung bewahrt. Auch bei $Q = 6000$ m³/s wird das Mittelwasserbett in den Krümmungen nicht stärker, sondern durchweg geringer belastet als in der geraden Anfangsstrecke (Abb. 19).

Verlandungsversuche zeigten, daß bei den großen Geschwindigkeiten Ablagerungen von Geschiebe nicht zu erwarten sind, was nicht ausschließt, daß bei länger dauernder niederer Überströmung durch kleinere Hochwasser sich Schlamm und Sand absetzt, der aber mit steigendem Wasser wieder abgespült wird.

Für verschiedene Grundrißformen von Flußstrecken ist auf Abb. 34 die zweckmäßigste Anordnung von Abgrabungen angegeben.

Außer der Krümmungswirkung muß bei der Ausbildung der Abgrabung nach hydraulischen Gesichtspunkten noch die Querschnittsform berücksichtigt werden. Eine breite Abgrabung mit geringer Tiefe ist ebenso ungünstig für den Abfluß, wie eine sehr tiefe Abgrabung mit nur geringer Breite, da in beiden Fällen der benetzte Umfang p sehr groß und der hydraulische Radius $R = F/p$ sehr klein wird. Der Größtwert der Strömungsgeschwindigkeit wird bei einer Tiefe des trapezförmigen Querschnitts $t = \sqrt{F \dfrac{\sin \alpha}{2 - \cos \alpha}}$ erreicht, wobei α den Neigungswinkel der Böschung ($1 : n = \operatorname{tg} \alpha$) bedeutet.

Aus bautechnischen Gründen und um das abgegrabene Vorland durch natürlichen Graswuchs befestigen und nützen zu können, wird man mit Ausnahme von ganz besonderen, örtlich bedingten Fällen, Abgrabungen nicht tiefer als MW legen, obwohl hydraulisch größere Tiefen erwünscht wären.

4. Zusammenfassung.

Bei einer rückschauenden Betrachtung muß man sich stets vergegenwärtigen, daß als gegeben das Mittelwasserbett anzusehen ist, zu dem die beste Deichführung gefunden werden soll, auch wenn bei den Formen G, H und K aus modelltechnischen Gründen die Deiche bestehen blieben und das Mittelwasserbett verändert wurde. Nicht immer werden sich Deichführung und Lage der Abgrabung dem untersuchten Idealfall anpassen können. Besitz- und Nutzverhältnisse fordern Abweichungen. Aus den grundsätzlichen Anordnungen der Formen H und K muß dann die für die gegebenen Fälle zweckmäßigste und beste Führung der Deiche und die wirksamste Abgrabung sinngemäß geplant werden.

Deichführung und Abgrabung sind gefunden unter der Annahme, daß das Mittelwasserbett sich eintieft. Die Beschleunigungsgebiete der Vorländer wurden daher möglichst groß gemacht und das Mittelwasserbett in die Verzögerungsbereiche gelegt. Wenn dagegen das Mittelwasserbett sich erhöht oder die Neigung zeigt aufzulanden, ist das Mittelwasserbett in die Beschleunigungsbereiche zu legen und die Beschleunigungsgebiete der Vorländer klein zu halten. An Stelle von Abgrabungen werden die Deiche in den Verzögerungsbereichen an das Mittelwasserbett heranzurücken sein, soweit es die Höhenlage des Wasserspiegels zuläßt. Die Form L (Abb. 23) zeigt die grundsätzliche Anordnung von Deich und Mittelwasserbett, wenn sich das Mittelwasserbett erhöht.

Die Ergebnisse der Untersuchungen, die für die Gliederung eines Stromquerschnittes in Mittel- und Hochwasserbett durchgeführt wurden, lassen sich auf andere Gliederungen der Querschnitte, etwa in Mittel- und Niedrigwasserbett übertragen. Da bei Niedrigwasserregelungen zwar eine allgemeine Vertiefung

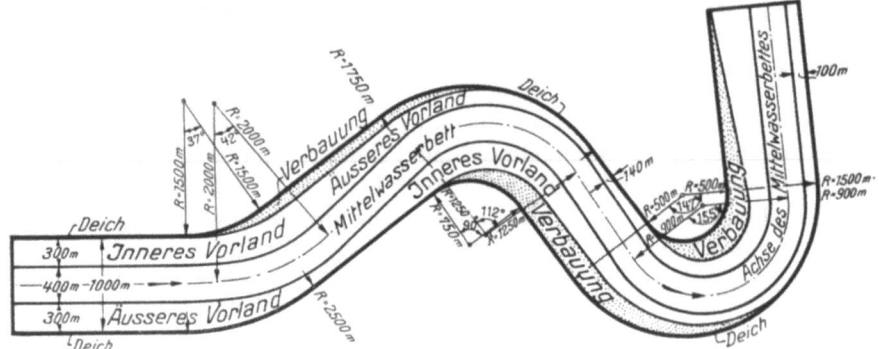

Abb. 23. Form L. Hochwasserdeiche: in den Geraden gleiche Achsen von Hochwasser- und Mittelwasserbett; in den Krümmungen verschiedene Mittelpunkte der Achsen. Hochwasserbett gegen Mittelwasserbett stromaufwärts verschoben. Verbauung der Ablösungsgebiete. Vorländer: wechselnde Breite, gleiche Höhenlage.

des Strombettes nicht erwünscht, aber eine genügende Eintiefung des Niedrigwasserbettes erforderlich ist, wurde aus der Naturerkenntnis, daß die örtlichen Austiefungen, die Kolke, unterhalb des Krümmungsscheitels auftreten, schon immer der Scheitel der Niedrigwasserrinne gegen den Krümmungsscheitel des Mittelwasserbettes stromabwärts verschoben. Nach den Untersuchungen sind die Beschleunigungs- und Verzögerungsvorgänge in den Krümmungen die Ursachen für die in der Praxis des Flußbaues bekannten Sohlenausbildungen (vgl. S. 38 u. 39).

E. Untersuchungen an einer Strecke des Niederrheins.

Die Versuche am schematischen Modell waren Vorarbeiten für die Untersuchung eines geplanten Deichbaues und einer Abgrabung in der Rheinstrecke

Abb. 24. Modell einer Strecke des Niederrheins. Maßstab der Länge und Breite 1 : 250. Maßstab der Höhen 1 : 125.

km 294 bis 304 (Orsoy-Ork). Der Niederrhein vertieft zwischen Koblenz und der deutsch-niederländischen Grenze ständig sein Mittelwasserbett, am stärksten zwischen Ruhrort und Wesel. Die Vorländer sind dagegen vielerorts durch Ablagerungen erhöht, so daß sie allmählich dem Hochwasserabfluß entzogen werden. Beide Erscheinungen stehen miteinander in Wechselwirkung, da die erhöhten Vorländer und die vertiefte Sohle die Abflußmengen länger im Mittelwasserbett zusammenhalten (Abb. 1).

Waren die in Abschnitt D gewonnenen Ergebnisse an einem schematischen Modell mit trapezförmigem Querschnitt und fester Sohle richtig, so mußten die gleichen Erscheinungen für eine feste Sohle mit Kolken und Geschiebebänken und eine bewegliche Sohle zutreffen. Die Untersuchung für die Niederrheinstrecke bot neben dem praktischen Zweck die beste Möglichkeit, die Ergebnisse des Abschnittes D zu überprüfen.

1. Das Modell mit fester Sohle.

Die Rheinstrecke km 293,5 bis 305 wurde in einem Modell mit dem Längen- und Breitenmaßstab 1:250 und dem Höhenmaßstab 1:125 naturgetreu nach-

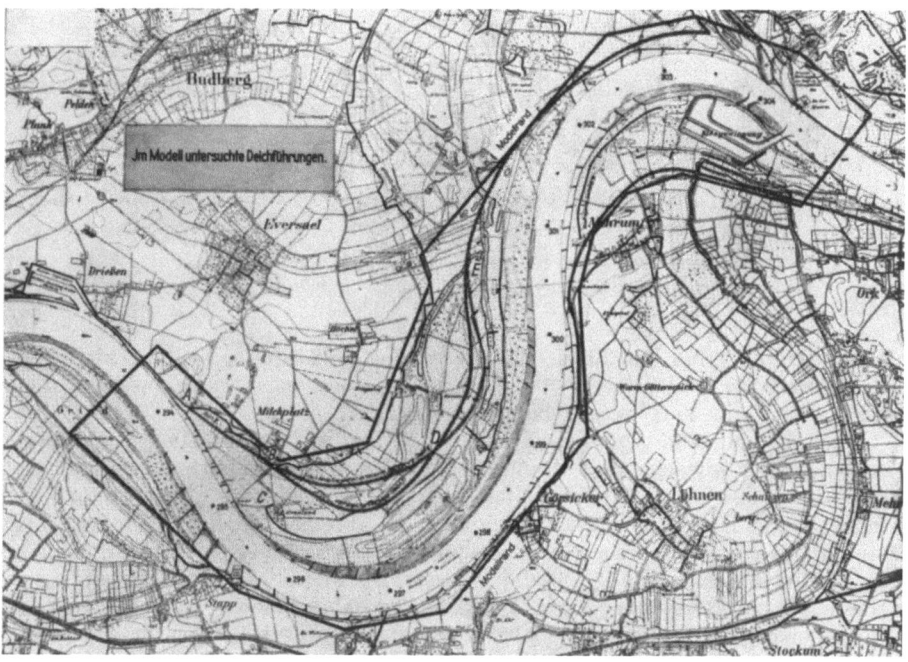

Abb. 25. Lageplan der im Modell untersuchten Niederrheinstrecke.

gebildet (Abb. 24). Der Sohlenzustand entsprach dem Peilplan der Natursohle vom Jahre 1934.

Der vorhandene, die höchsten Hochwasser nicht kehrende Deich verläuft von Punkt A an (Abb. 25) in einer unregelmäßigen Linie etwa 1000 bis 1200 m landeinwärts. Das linke Vorland ist von A bis zum Krümmungsscheitel Beschleunigungsbereich, vom Krümmungsscheitel bis Punkt E Verzögerungsgebiet. Die ursprüngliche geplante Deichführung I wurde daher in die Deichlage II umgeändert. Sie ergab: **Entlastung des Mittelwasserbettes, Ausgleich des Gefälles und Senkung des Hochwasserspiegels.**

Der Mehrumer Sommerdeich (Abb. 25) bei km 301,0 sperrt das günstige Hochwasserabführungsgebiet des rechten Ufers. Es genügte ihn auf 800 m Länge zu öffnen, um den Strom um 6% zu entlasten. Dabei zeigte sich die weit stromaufwärts reichende Stauwirkung des Sommerdeiches. Die Hochwasserstände des Pegels bei km 295 konnten um einige Zentimeter (Natur) gesenkt werden.

Für Abgrabungen liegen die günstigsten Gebiete auf dem linken Ufer zwischen km 294 und 297,5 am inneren Ufer oberhalb des Krümmungsscheitels und auf dem rechten Ufer zwischen km 298 und 305. Da die Krümmung zwischen km 296,0 und 300 sich aus zwei Bogen von $R = 1350$ und $R = 2400$ m zusammensetzt, wäre es nahegelegen, auch in dem zweiten Bogen oberhalb des Scheitels eine Abgrabung vorzusehen und beide ineinander übergehen zu lassen. Die Untersuchungen ergaben zwar eine Entlastung des Mittelwasserbettes noch bei

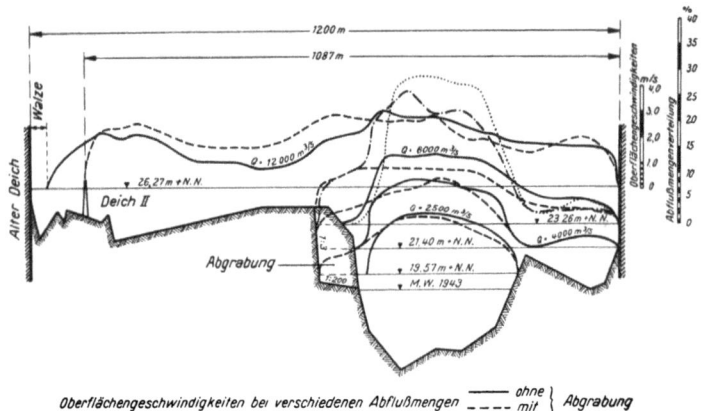

Abb. 26. Veränderung der Oberflächengeschwindigkeiten und der Abflußmengenverteilung durch Deich II im Querschnitt km 295,3.

einer Abgrabung bis km 298,4, die Abgrabung wurde dabei jedoch zwischen km 296 und 297 verlandet, da dann in dieser Übergangsstrecke zwischen den beiden Bogen ein Verzögerungsbereich liegt.

Deich II und eine Abgrabung nach Abb. 28, die sich aus einer Reihe von Versuchen auch wirtschaftlich als die zweckmäßigste ergeben hatte, verminderten zwischen km 294,3 und 298,3 bei einem Abfluß von 6000 m³/s die größte örtlich vorkommende Oberflächengeschwindigkeit um durchschnittlich 7% und entlasteten das Mittelwasserbett um stellenweise 18% der Gesamtabflußmenge. Ein Einfluß der Abgrabung auf die Wasserspiegelhöhe war bei geringer Überströmung nicht feststellbar. Bei Zunahme der Abflußmenge wächst das Verhältnis der benetzten Fläche der Abgrabung zum ganzen benetzten Querschnitt. Die Wasserspiegelsenkung betrug bei $Q = 6000$ m³/s 0,18 m. Bei $Q = 12000$ m³/s betrug sie noch etwa die Hälfte. Die Senkung des Wasserspiegels tritt oberhalb der Abgrabungsstrecke ein, während in der Abgrabungsstrecke durch die Querschnittserweiterung der Abfluß verzögert und der Spiegel relativ gehoben wird.

Die Veränderungen der Oberflächengeschwindigkeiten für verschiedene Abflußmengen und die Änderung der Abflußmengenverteilung bei $Q = 6000$ m³/s durch den Deich II und die Abgrabung gibt Abb. 26 für den Querschnitt km 295,3 wieder.

Die Untersuchungen bestätigen, daß die in Abschnitt D grundsätzlich behandelten Deichführungen und Vorlandabgrabungen die Strömungsgeschwindigkeiten und Abflußverteilungen in gleicher Weise auch in einem naturgetreuen Modellfluß mit den Unebenheiten der Sohle, Ufer- und Vorländer beeinflussen. **Die Versuchsergebnisse des Abschnittes D können daher auf jeden anderen Fall sinngemäß angewendet werden.**

2. Das Modell mit beweglicher Sohle.

Für die Untersuchungen mit beweglicher Sohle wurde das Mittelwasserbett mit einem beweglichen Modellgeschiebe ausgefüllt, das als Ausgangszustand durchgehend einen aus den Naturquerschnitten gemittelten Parabelquerschnitt erhielt. Stromachse und Talweg fielen hierbei also zusammen.

Über den Ausgangszustand flossen bei jedem Versuch die Abflußmengen einer bestimmten Dauer- und Ganglinie. Die Dauerlinie umfaßte die Abflußmengen, die am Pegel Orsoy an 265 Tagen überschritten waren und als geschiebeführend bezeichnet werden konnten. Sie bildete das Modelljahr, das nach Erfahrungen an früheren ähnlichen Versuchen des Flußbaulaboratoriums einer

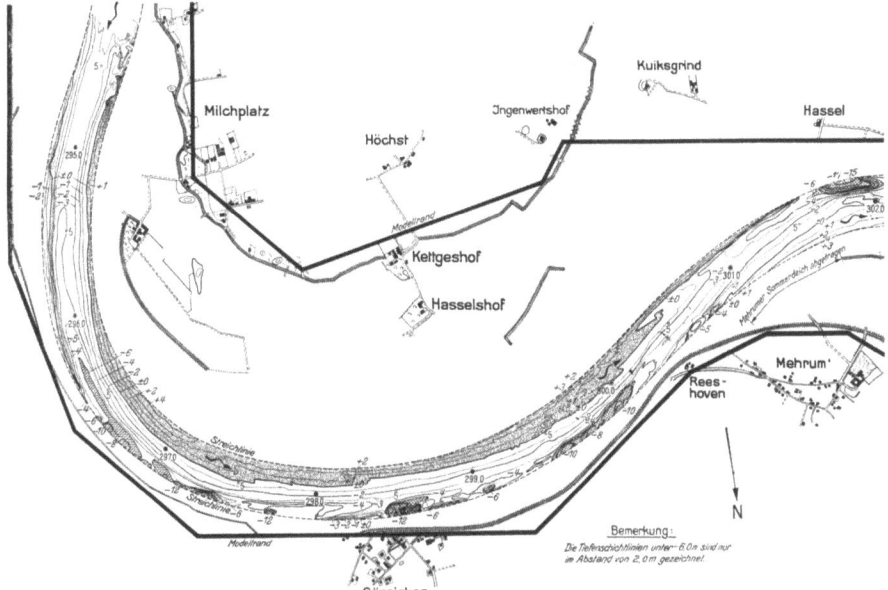

Abb. 27. Sohlenbild der Modellstrecke beim bestehenden Zustand. (Die unter − 6,0 m liegenden Teile der Stromsohle sind schraffiert.)

Versuchszeit von 8 Stunden entsprach. Für eine einwandfrei feststellbare Veränderung der beweglichen Sohle des Modells, die, soweit dies bei einer beweglichen Sohle überhaupt möglich ist, einem Beharrungszustand nahekam, war der Abfluß von 4, vielfach 8 Modelljahren notwendig. Ein Vergleich zwischen Ausgangs- und Endzustand desselben Versuches oder zwischen Endzuständen der Versuche mit verschiedenen Baumaßnahmen setzte gleiche Abflußdauer voraus.

Geschiebe wurde nicht zugegeben; der Strom entnahm seine Geschiebefracht bis zur Sättigung aus der Einlaufstrecke, die dadurch reine Eintiefungsstrecke wurde. Da sie genügend lang war, wurde die eigentliche Versuchsstrecke hiervon nicht berührt. Die in der Natur vorhandene jährliche Wasserspiegelsenkung von durchschnittlich 0,04 m fand dadurch Berücksichtigung, daß in jedem Modelljahr die Pegelstände um den Betrag gesenkt wurden, der sich aus der am Modellende aufgefangenen Erosionsmasse errechnete. Sie war mit 820000 m³ in 8 Modelljahren etwas größer als die nach Rechnung für die Natur ermittelten 672000 m³, da die Umbildung im Modell von einer parabelförmigen Sohle ausging.

Aus dem Ausgangszustand der beweglichen Sohle wurde beim bestehenden Zustand der Ufer, Vorländer und Deiche die Sohle durch einen 64 stündigen (8 Jahre) Versuch umgestaltet (Abb. 27). Das Sohlenbild ergab eine sehr gute und ausreichende Übereinstimmung mit dem Naturzustand 1934, so daß die Versuchszeit als Grundlage für die Vergleiche angesehen werden konnte. Dabei hob das Bild der Versuchssohle, das zusammenhängend aufgenommen wurde, die Einzelheiten der Sohlenform wesentlich deutlicher hervor, als der Naturpeilplan, dessen Höhen nur in einzelnen Querschnitten bestimmt werden.

Der Einbau des Deiches II ergab unterhalb km 299,5 zunächst größere Austiefungen der Sohle und vermehrte Kolkbildungen an den Buhnenköpfen des rechten Ufers als der bestehende Zustand ohne Deich II (Zahlentafel 1). **Die Einengung der Hochwasserquerschnitte hatte die Austiefung verstärkt**, ein Ergebnis, das nach den Beobachtungen am Modell mit fester

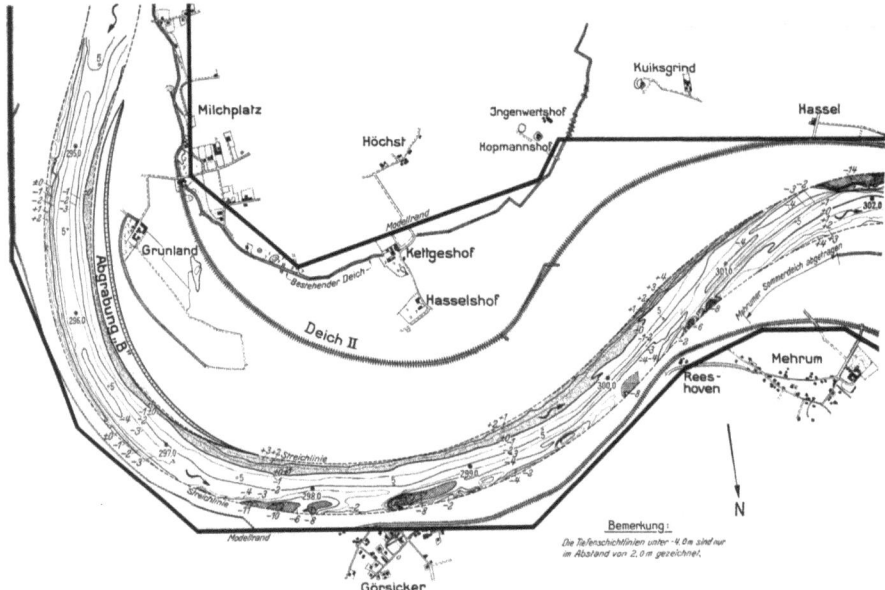

Abb. 28. Sohlenbild der Modellstrecke nach Einbau von Deich II und nach Abgrabung. (Die unter — 6,0 m liegenden Teile der Stromsohle sind schraffiert.)

Sohle durchaus zu erwarten war, da die Linienführung des Deiches II das Vorland von km 297 bis 300 zur Beschleunigungsstrecke macht.

Die Wirkung konnte durch die Abgrabung nicht nur aufgehoben werden, es wurden vielmehr die Sohlenausbildung verbessert, die Sohlenvertiefung vermindert (Zahlentafel 1; Abb. 28) **und der Hochwasserspiegel gesenkt**. Wenn man in den Abb. 27 und 28 den Streifen, der durch die ±-Linie und die Streichlinie gebildet wird, vergleicht, so ist er in der Grundform und Länge etwa gleich. In Abb. 28 ist er jedoch durchgehend schmäler. Die Linie — 6,0 m ist in Abb. 28 zwischen km 296 und 297,5 verschwunden. Im ganzen liegt die Sohle bis km 300,5 um 0,90 m höher als in Abb. 27, ohne die Breite des Fahrwassers einzuengen.

Die Stromsohle ist flacher und breiter geworden, sie hat sich aus dem einseitigen dreieckförmigen Querschnitt mehr dem gleichmäßigen trapezförmigen Querschnitt genähert. Dadurch ist die Krümmungswirkung auf die Sohle verkleinert, die hydraulische Belastung auf das Mittelwasserbett gleichförmiger und die Angriffskraft auf die Sohle verringert worden (Abb. 26).

Die durch den Einbau des Deiches II und die Abgrabung veränderte Angriffskraft drückt sich in der Menge des in 32 und 64 Stunden (4 und 8 Modelljahren) ausgewaschenen Sohlenmaterials aus:

Zahlentafel 1. Ausgewaschene Geschiebemenge umgerechnet in m³ der Natur.

Von km 295	Versuchsdauer 32 Stunden (4 Jahre)				Versuchsdauer 64 Stunden (8 Jahre)			
	bis km 298,5	%	bis km 302	%	bis km 298,5	%	bis km 302	%
Bestehender Zustand . .	268000	100	425000	100	542000	100	820000	100
Bestehender Zustand und Einbau von Deich II	289000	108	392000	92	637000	117	986000	120
Deich II und Abgrabung bis km 297,5	164000	61	281000	66	303000	56	579000	71
Deich II und Abgrabung bis km 301,0	142000	53	256000	60	—	—	—	—

Eine Verlängerung der Abgrabung bis km 301,0 erfordert einen erheblichen Mehraufwand an Kosten gegen die Abgrabung bis km 297,5. Die Verminderung an ausgewaschenem Geschiebe auf den Stromstrecken bis km 298,5 und 302 ist dabei verhältnismäßig gering. Da die Abgrabung bis km 301, wie die Versuche mit fester Sohle schon zeigten, stark verlandete und dadurch ihre Abflußleistung ständig vermindert wird, ist sie nicht empfehlenswert. **Die Abgrabung Abb. 28 stellt neben der außerordentlich günstigen Einwirkung auf die Stromsohle auch wirtschaftlich ein Optimum dar.**

3. Zusammenfassung.

Die grundsätzlichen Erkenntnisse, die bei den systematischen Versuchen der Abschnitte B bis D für die günstigste Deichführung in Stromkrümmungen und die zweckmäßigste Lage von Vorlandabgrabungen gefunden wurden, werden durch die Beobachtungen bei den Modellversuchen mit beweglicher Sohle der Rheinstrecke Orsoy-Ork bestätigt und ergänzt. Sie weisen sehr eindringlich darauf hin, daß eine Hochwasserregelung auch eine Entlastung des Stromes erfordert, damit die Zusammenfassung der geschiebeführenden und die Sohle eintiefenden Hochwasser in einen begrenzten Querschnitt nicht eine schädliche Eintiefung zur Folge hat. Die vielfach zur Gewinnung von Schüttmassen für den Hochwasserdeich erwünschten Abgrabungen können bei richtiger Lage der Abgrabungsfläche hydraulisch außerordentlich wertvoll sein und nachteilige Krümmungswirkungen auf das Fahrwasser mildern.

F. Die Hochwasserschutzmaßnahmen an der Donau bei Straubing.

Allgemeines. Eine umfassende Anwendung fanden die in den vorhergehenden Abschnitten entwickelten Grundsätze für die Führung von Hochwasserdeichen bei der Volleindeichung der Donau bei Straubing. Der Grundriß der Donau zwischen Niederachdorf (km 2345) und Bogen (km 2310) ist gekennzeichnet durch eine Aufeinanderfolge von Krümmungen gleichen und entgegengesetzten Sinnes mit Halbmessern bis herab auf 300 m bei Zentriwinkeln bis zu 180° und eingeschalteten kürzeren und längeren Geraden.

In Abb. 29 ist für einen Teil der Donaustrecke die ursprünglich geplante und die abgeänderte Deichführung eingetragen. Bei letzterer ist dabei die neue Linie lediglich grundsätzlich und ohne Rücksicht auf alle örtlichen Gegebenheiten entworfen. Es ergeben sich wesentliche Unterschiede der beiden Deichlinien.

In der Donaustrecke bei Straubing (km 2324 bis 2317) sind die Abflußverhältnisse bei Hochwasser durch die Trennung des Stromes in die innere und äußere Donau und durch die Überströmung der zwischen beiden Donauarmen liegenden Insel Gstütt sehr verwickelt (Abb. 31). Durch hydraulische Rechnungen konnte eine befriedigende Lösung für die Deichführungen nicht gefunden werden[1]. Es wurden deshalb die Möglichkeiten einer für den Hochwasserabfluß und die Hochwasserhöhen unschädlichen Eindeichung der Insel

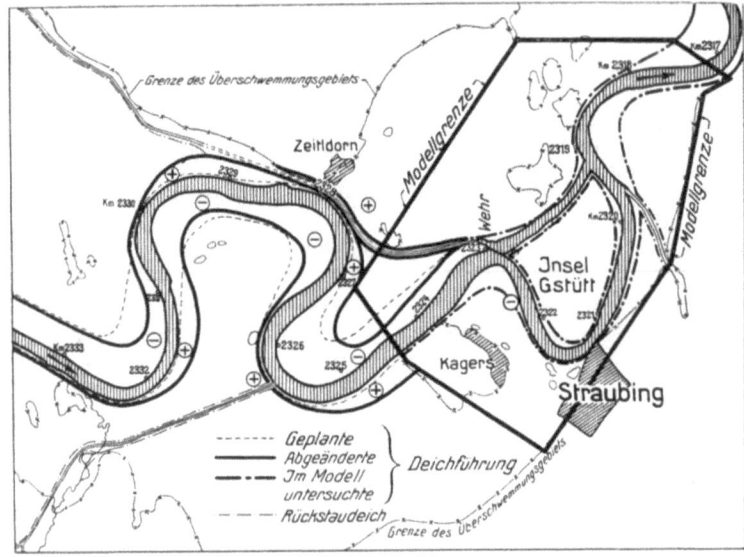

Abb. 29. Lageplan der Donau von km 2316 bis 2333,5 mit Deichführungen.

Abb. 30. Ansicht des Modells.

Gstütt und einer Hochwasserfreilegung des rechten Donauvorlandes zwischen km 2320 und 2317 am Modell überprüft.

[1] RINSUM, A. VAN u. R. NIEDERMAYER: Hochwasserschutz an der Donau im Straubinger Becken. Dtsch. Wasserw. 1938, H. 5, S. 82.

Das Modell (Abb. 30) war im Maßstab 1:225 der Längen und 1:75 der Höhen erbaut und nahm eine Fläche von 20 mal 12 m ein.

Der Hochwasserstand war unterhalb und oberhalb der Modellstrecke durch die hydraulische Berechnung gegeben. Seine Höhe durfte durch die Eindeichungen nicht überschritten, sie sollte wenn möglich gesenkt werden. Die Linienführung der linksseitigen Dämme war von vornherein gegeben, da ihr Bau vor Beginn der Versuche in Angriff genommen war.

Die Untersuchungen am Modell. Es war schwierig die Ähnlichkeit des Abflusses der größten Hochwassermenge von 3350 m³/s im Modell mit dem Abfluß in der Natur herzustellen, da in der Modellstrecke nur eine Messung am

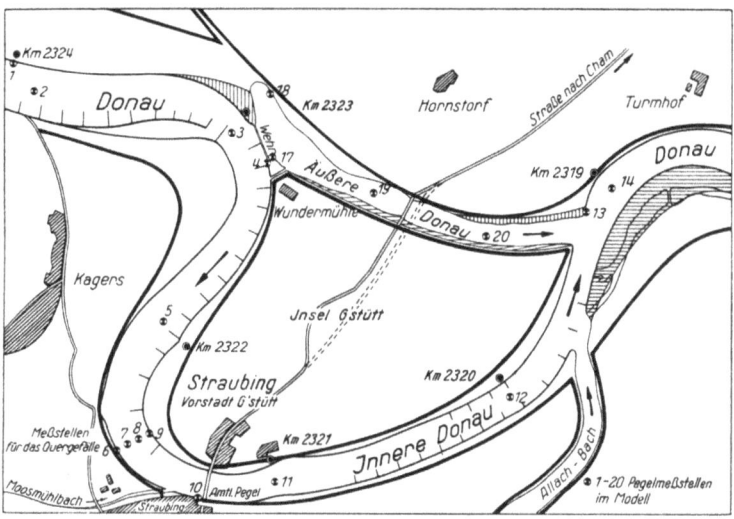

Abb. 31. Lageplan der Modellstrecke.

Straubinger Pegel einwandfrei war, während die übrigen Höhen des Naturwasserspiegels mit Hilfe von Hochwassermarken geschätzt werden mußten. Trotzdem hat sich eine genügende Übereinstimmung der Wasserspiegellängsschnitte erzielen lassen (Abb. 32, Versuch a).

Durch eine nach den vorhergehenden Untersuchungen entworfene Volleindeichung (Versuch b), die nur das für den Abfluß unbedingt notwendige Vorland freigab (Abb. 31) ist erreicht worden, daß die Insel Gstütt durch einen Ringdeich und das rechte Vorland unterhalb Straubing durch einen Deich geschützt werden können. Die zulässige Höhe des Wasserstandes wird an keiner Stelle überschritten. Gegenüber der errechneten und als geradlinige Verbindung eingetragenen Wasserspiegellinie der KWH-Höhen (Abb. 32) weist die gemessene Spiegellinie des Versuches b Feinheiten auf, deren Kenntnis besonders für die Höhenlage der neuen Brücke über die äußere Donau wertvoll war.

Um den Hochwasserspiegel zu senken, wurden Querschnittserweiterungen und Abgrabungen angeordnet. Die in Abb. 31 mit waagerechten Strichen schraffierten Querschnittserweiterungen in der äußeren Donau und die Abgrabungen auf dem rechten Vorland unterhalb km 2320 (Versuch c) senkten den Wasserspiegel besonders in der äußeren Donau und oberhalb des Wehres, während die Einwirkung auf den Flußabschnitt unterhalb Straubings nicht nennenswert ist.

Die mit lotrechten Strichen gekennzeichneten weiteren Abgrabungen (Versuch d) erreichten zusammen mit den Änderungen des Versuches c eine Senkung des größten Hochwassers von 0,20 m im Flußabschnitt oberhalb des Wehres.

Weitere Senkungen des Hochwasserspiegels konnten durch die Freigabe von Vorlandflächen erreicht werden. Wirksam war hierbei nur die Öffnung des Vorlandes unterhalb des Allachbaches für den Hochwasserdurchfluß. Der Hochwasserspiegel konnte dann gegen die Höhen der Volleindeichung um 0,40 m gesenkt werden (Abb. 32, Versuch e).

Außer den Hochwasserhöhen konnte durch die Modellversuche die Verteilung der Abflußmengen bestimmt werden.

Versuchsanordnung	Äußere Donau m³/s	Innere Donau m³/s	Überschwemmungsgebiet m³/s
Bestehender Zustand (Versuch a)	1265	725	1360
Volleindeichung (Versuch b)	1770	1580	—
Querschnittserweiterungen und Abgrabungen (Versuche c und d)	2145	1205	—
Freigabe von Vorland (Versuch e)	2110	1240	—

Bei der Wahl der zweckmäßigsten Hochwasserschutzmaßnahmen waren außer den Hochwasserhöhen noch die veränderten Strömungsgeschwindigkeiten gegeneinander abzuwägen, da durch die stärkere Belastung der inneren und

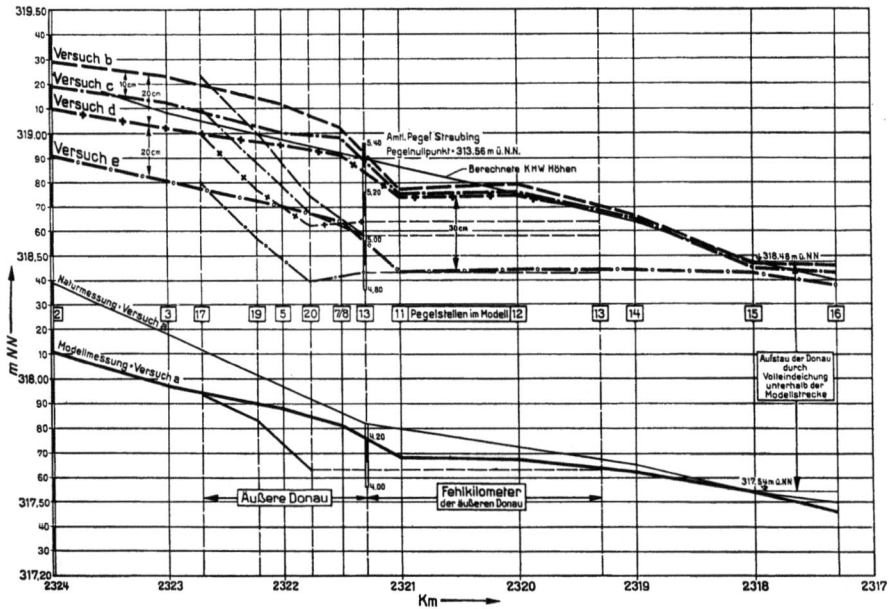

Abb. 32. Längsschnitt der Wasserspiegel.

besonders der äußeren Donau Strömungsgeschwindigkeiten vermieden werden mußten, bei denen die Sohle Gefahr lief angegriffen und vertieft zu werden.

Der Kostenvergleich ermöglichte außer den flußbaulichen Feststellungen auch die wirtschaftlich zweckmäßigste Lösung.

Die Führung von Hochwasserdeichen in gekrümmten Flußstrecken.

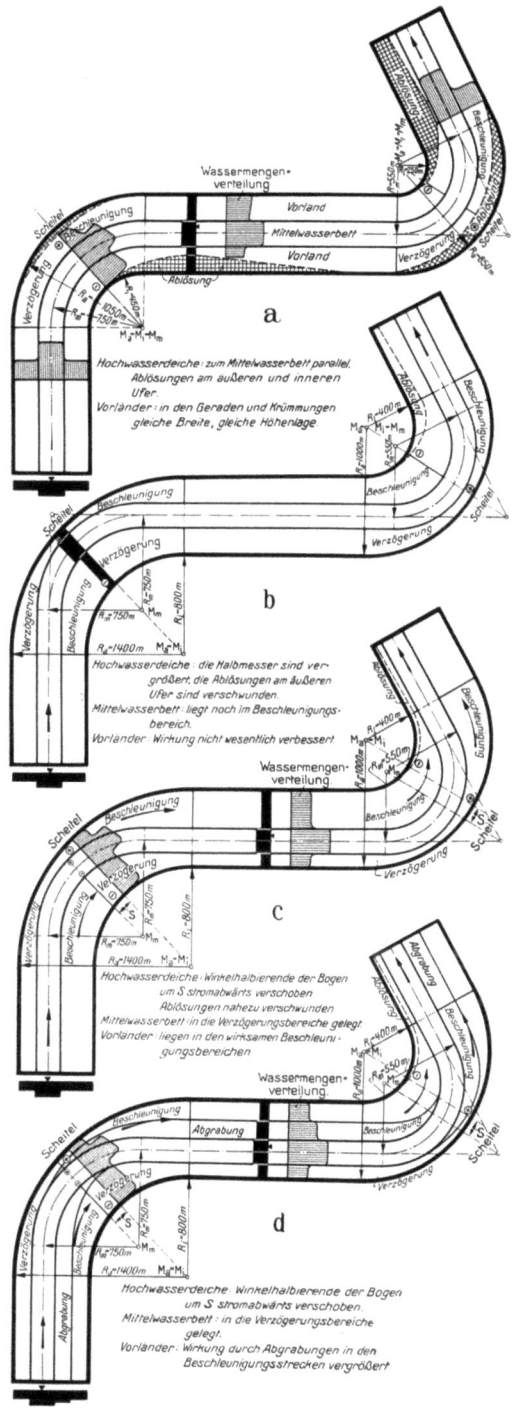

Abb. 33. Strömungen in gekrümmten Flußstrecken und die Anordnung von Deichen, Mittelwasserbett und Abgrabungen.

28 H. WITTMANN: Die Führung von Hochwasserdeichen in gekrümmten Flußstrecken.

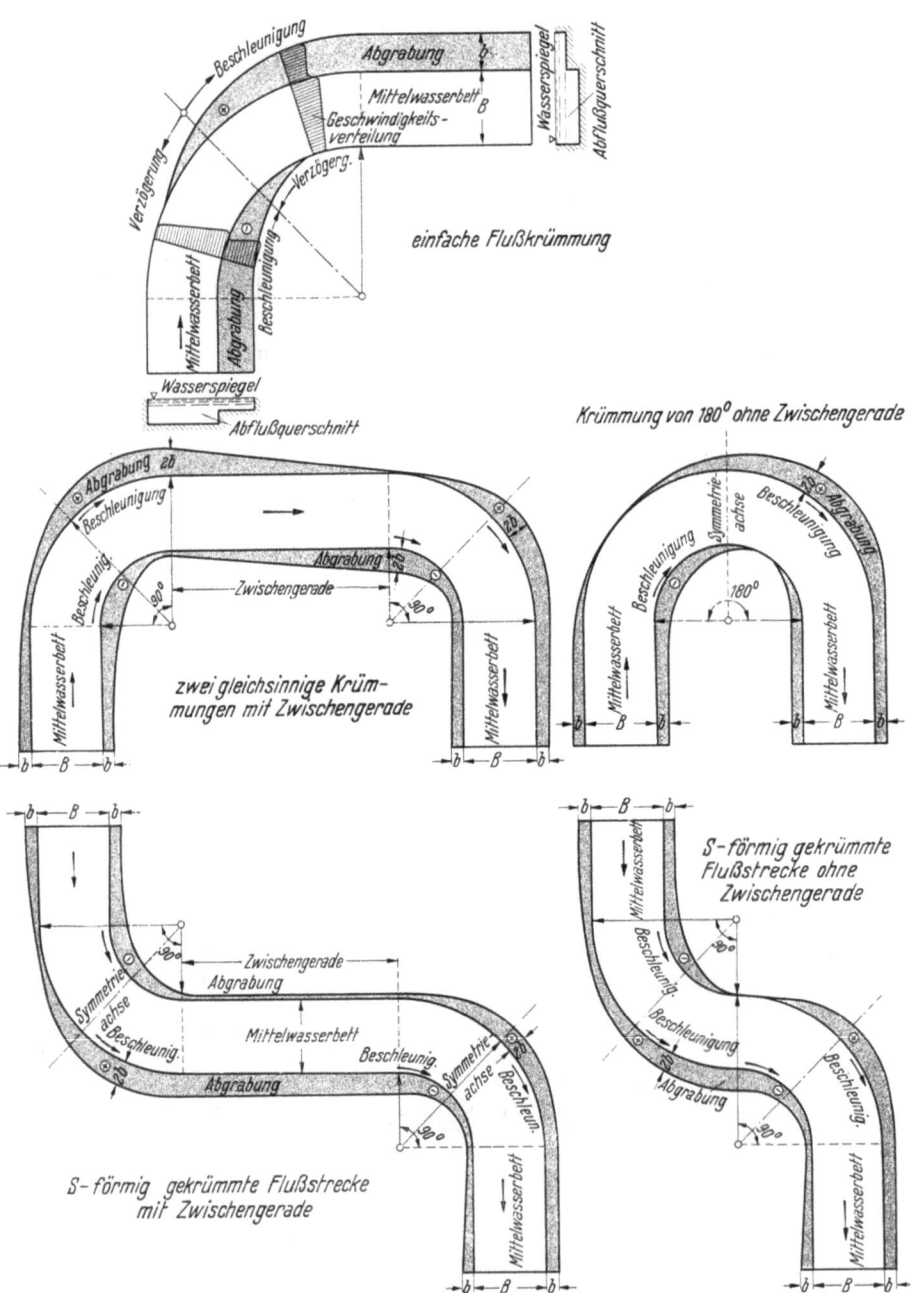

Abb. 34. Anordnung der Vorlandabgrabungen bei verschiedenen Grundrißformen von Flußstrecken.

II. Die Berechnung der Wasserbewegung in gekrümmten Flußstrecken mittels der Potentialtheorie und ihre Überprüfung durch Modellversuche.

Von Professor Dr.-Ing. P. Böss, Karlsruhe.

A. Allgemeines über den heutigen Stand der praktischen Hydraulik und ihre Weiterentwicklung.

Die praktische Hydraulik, die sich hauptsächlich mit der Bewegung des Wassers in offenen Gerinnen mit freier Wasserspiegeloberfläche befaßt, steht bekanntlich in einem nur losen Zusammenhang mit der theoretischen Hydromechanik und baut sich nicht auf den allgemeinen Grundgesetzen dieser Wissenschaft auf. Bis vor wenigen Jahren stand der praktische Wasserbauer bewußt ablehnend den Gesetzen und Methoden der Hydrodynamik gegenüber und war der Ansicht, daß man die Methoden der Hydromechanik gar nicht oder nur wenig zur Lösung praktischer Aufgaben heranziehen kann.

Der Grund dieser Ablehnung der theoretischen Hydrodynamik von seiten des praktischen Wasserbaues im Gegensatz zum Maschinenbau ist bei näherer Betrachtung leicht einzusehen. Bei der Berechnung einer Turbine oder eines Tragflügels liegen dem Ingenieur eindeutig klare Verhältnisse vor, deren Formgebung und Gestaltung in seiner Hand liegen und nicht von irgendwelchen Zufälligkeiten bestimmt oder verändert werden. Der Endzweck seiner Berechnung ist nicht die Aufstellung einer einfachen Formel zur Bestimmung irgendeiner Größe, sondern die Berechnung besteht in der genauen Verfolgung der einzelnen Strömungsvorgänge im ganzen Strömungsfeld.

Anders liegen die Verhältnisse im praktischen Wasserbau. Die Flüsse mit beweglicher, nach jedem Hochwasser veränderter Sohlengestalt und verschiedener Rauhigkeit der Wandungen stellen jeweils verschiedene von der Natur gegebene Bedingungen dar. Die Begrenzungen des Flußbettes, d. h. die Randbedingungen sind in jedem Fall andere und von so vielen einzelnen Zufälligkeiten abhängig, daß sie meist nicht als gegebene Voraussetzung den Berechnungen zugrunde gelegt werden können.

Um diese Schwierigkeiten zu umgehen, bedient sich die praktische Hydraulik eindimensionaler Betrachtungsweisen, wobei der gesamte Wasserlauf als ein einziger Stromfaden angenommen wird. Das Ergebnis ist eine Formel, die nur bestimmte Größen zu berechnen gestattet, während die Vorgänge im einzelnen und ihre Einwirkung auf das Flußbett auf Grund praktischer Erfahrungen erkannt und vorausbestimmt werden müssen.

Man gelangt auf diese Weise zu der empirisch-statistischen Behandlungsweise, welche bis vor kurzer Zeit die praktische Hydraulik ganz beherrschte. Die Formeln, deren sich diese Methode bedient, stützen sich teilweise auf einfache physikalische Gesetze, teilweise aber auch sind es rein empirisch gefundene Formeln, welche aus einer mehr oder weniger großen Zahl von Naturbeobachtungen aufgestellt wurden. Bei einer dritten Art von Formeln liegt zwar ein physikalisch-mathematisches Gesetz über die Bewegung des Wassers zugrunde, doch muß, um eine Übereinstimmung mit den wirklich auftretenden Verhältnissen zu erzielen, eine empirische Korrektion vorgenommen werden.

Besonders kraß tritt z. B. die Unzulänglichkeit dieser Methoden bei der Berechnung der Größe des Brückenstaues zutage, für den etwa 28 Formeln zur Verfügung stehen, wobei die Berechnung für ein und denselben Fall einer normalen Brücke Zahlen von 3 bis 83 cm für die Höhe des Staues ergibt.

Derartige Unstimmigkeiten können nur dadurch erklärt werden, daß bereits Fehler in den grundlegenden Annahmen des gesamten Abflußvorganges vorliegen. So läßt sich nachweisen, daß ein großer Teil dieser Formeln, in ihren Ansätzen bereits in Widerspruch mit den einfachsten physikalischen Gesetzen stehen. Der Wert solcher Formeln ist natürlich sehr zweifelhaft und es wäre besser, wenn sie allmählich auch aus der Fachliteratur des praktischen Wasserbaues verschwinden würden, da man bei der großen Zahl von Formeln für ein und dasselbe Problem ohnedies ratlos ist, welche von ihnen anzuwenden ist.

Die Frage jedoch, ob man in der praktischen Hydraulik ganz auf diese rein empirischen Formeln in Zukunft verzichten kann, ist unbedingt zu verneinen. In allen Fällen, bei denen es in erster Linie auf die rein zahlenmäßige Bestimmung einer Größe wie die Wassergeschwindigkeit, die Wassermenge, die Stauhöhe, das Gefälle eines Wasserlaufes oder eines anderen Wertes ankommt, der hauptsächlich von Reibungs- und Mischverlusten, also Wandrauhigkeit und sonstiger im einzelnen nicht näher bekannter Vorgänge abhängt, wird man auf empirisch korrigierte Formeln nicht verzichten können. Eine theoretische Ermittlung der Strömungsverluste ist auch heute noch nur in ganz besonderen Fällen möglich.

Mit der Entwicklung der Großwehranlagen, bei denen die Öffnungsweiten und Stauhöhen immer größere Dimensionen annahmen, hat sich auch in der Hydraulik eine notwendige Wandlung vollzogen. Es kommt hier nicht mehr nur auf reine Zahlenwerte an, sondern es ist auch die Kenntnis der Druck- und Geschwindigkeitsverteilung, sowie der auf das Bauwerk wirkenden Kräfte, sei es zur Berechnung der Konstruktion selbst, oder zur Berechnung der Bewegungsvorrichtung unumgänglich nötig. Bei dieser Gelegenheit wurde durch eine Reihe neuerer Forscher der wissenschaftliche Wasserbau durch die Anwendung der Potentialtheorie und der theoretischen Strömungslehre erweitert. Im wesentlichen stellt dies den Übergang von der eindimensionalen zur zwei-, in manchen Fällen auch dreidimensionalen Behandlung dar.

Vorzügliches leistete gerade hier der wasserbauliche Modellversuch, da er gestattet, die theoretischen Erkenntnisse mit den wirklichen Vorgängen zu vergleichen und auf ihre Richtigkeit hin zu prüfen. Bei der Wertung der Versuchsergebnisse darf jedoch auch der Zusammenhang mit den Grundgesetzen der Hydrodynamik niemals verloren gehen, da diese sonst nur für den Einzelfall, aber keine allgemeine Gültigkeit besitzen. Nur die Abweichungen der Vorgänge von dem Idealfall des physikalischen Vorganges soll der Modellversuch zeigen. Gelingt es auch, in diese Abweichungen eine allgemein gültige Gesetzmäßigkeit zu bringen, so hat der Modellversuch ein neues Grundgesetz geliefert.

Dieses Endziel aller wissenschaftlichen Versuche wird im praktischen Wasserbau um so schwieriger zu erreichen sein, je mehr unkontrollierbare Einflüsse den Vorgang beeinflussen und den Ablauf des eigentlichen Hauptvorganges überlagern.

B. Die Potentialströmungstheorie und ihre Anwendung im praktischen Wasserbau.

Betrachtet man zwei wichtige Beispiele aus dem Gebiet der praktischen Hydraulik, nämlich den Abfluß des Wassers über Wehre und Abstürze und die Bewegung des Wassers in gekrümmten Flußstrecken, so läßt sich hierbei am deutlichsten die Überlegenheit einer Behandlung mit der Potentialtheorie und den Gesetzen der Hydrodynamik gegenüber der eindimensionalen Betrachtungsweise der praktischen Hydraulik zeigen.

In beiden Fällen bewegt sich das Wasser in gekrümmten Strombahnen. Im ersten Fall in einer lotrechten, im zweiten Fall in einer waagerechten Ebene, wenn man der Einfachheit halber die Vorgänge als zweidimensional betrachtet.

Empirische Formeln, die diese gekrümmten Bahnen und die damit in Zusammenhang stehenden Kräfte außer acht lassen und beim Abfluß des Wassers über ein gekrümmtes Wehr statische Druckverteilung voraussetzen, müssen falsche Ergebnisse liefern, da sie den physikalischen Vorgängen nicht gerecht werden. Ebenso, nur noch krasser, steht es mit den zahlreichen Formeln und Ansichten über die Bewegung des Wassers in gekrümmten Flußstrecken. Trotz der Möglichkeit, den Vorgang unmittelbar in der Natur zu beobachten, kann man hier die schärfsten Widersprüche feststellen. Dies läßt sich nur so erklären, daß zufällige Unregelmäßigkeiten des gerade beobachteten Falles, die an sich nebensächlicher Natur sind, zum allgemein gültigen Gesetz erhoben wurden.

Hier liegt einer der vielen Fälle vor, wo selbst eine unmittelbare Naturbeobachtung bis heute nicht imstande war, ein einheitliches Gesetz über die Vorgänge zu liefern.

Es ist daher naheliegend die Behandlung dieser Frage von der anderen Seite her, nämlich von der Theorie ausgehend, zu versuchen und alsdann diejenigen Umstände herauszuschälen, die eine Abweichung der wirklichen Vorgänge von der Theorie bedingen. Ein genaues Eingehen auf diese Vorgänge ist insofern gerechtfertigt, als die Bewegung des Wassers in gekrümmten Bahnen für den praktischen Flußbau von ganz besonderer Wichtigkeit ist. Abgesehen von künstlichen geraden Kanälen haben wir es in allen Flüssen mit mehr oder weniger gekrümmten Bahnlinien der Wasserteilchen zu tun. Es sei hier nur an das Serpentinieren der Flüsse oder an die künstlich erzwungenen Krümmungen durch Einbau von Quer- und Längsbauten bei der Flußregulierung auch in den an sich geraden Strecken erinnert. Durch die Bewegung des Wassers in Krümmungen und Gegenkrümmungen wird die Bewegung in den anschließenden Zwischengeraden weitgehendst beeinflußt. Hinzu kommt noch, daß die Bewegung des Wassers in gekrümmten Bahnen und die hierbei geltenden Gesetze bestimmend für die Sohlengestaltung des Flusses und die Geschiebebewegung sind.

Die **Potentialströmung** ist als solche nur durch rein kinematische Bedingungen gekennzeichnet. Diese sind erstens die Kontinuitätsbedingung, d. h. die Flüssigkeit muß den Raum kontinuierlich ausfüllen, es darf nirgends Flüssigkeit innerhalb der Ränder eines Wasserteilchens verschwinden, noch solche hinzukommen. Bei nicht zusammendrückbaren Flüssigkeiten ist dies bei zwei dimensionaler Betrachtung durch die mathematische Form:

$$\frac{\partial v_x}{\partial x} + \frac{\partial v_y}{\partial y} = 0$$

zum Ausdruck gebracht.

Das zweite wichtigste Kennzeichen einer Potentialbewegung ist die Wirbelfreiheit, d. h. kein Wasserteilchen darf eine Drehbewegung um irgendeine Achse beschreiben. Bei gekrümmten Bahnen darf sich das Teilchen demnach nicht drehen, sondern nur deformieren. Es kehrt hierdurch bei dem Durchlaufen einer Krümmung dem Krümmungsmittelpunkt dauernd eine andere Seite zu. Das Verschwinden des Wirbelvektors wird mathematisch durch den Ausdruck

$$\frac{\partial v_y}{\partial x} - \frac{\partial v_x}{\partial y} = 0$$

dargestellt.

Wie ersichtlich, besteht, wenn dieser Ausdruck zu Null wird, gleichzeitig die Bedingung

$$v_x = \frac{\partial \varphi}{\partial x} \quad \text{und} \quad v_y = \frac{\partial \varphi}{\partial y},$$

da

$$\frac{\partial^2 \varphi}{\partial x \partial y} = \frac{\partial^2 \varphi}{\partial y \partial x} \quad \text{ist.}$$

Dies bedeutet aber, daß im Falle der Wirbelfreiheit sich die Geschwindigkeitskomponenten als partielle Ableitungen einer Funktion $\varphi(x, y)$ darstellen lassen.

Wegen der Ähnlichkeit einer solchen Funktion φ mit dem Potential eines Kraftfeldes nennt man die Funktion nach HELMHOLTZ eine Potentialfunktion und die Strömung eine Potentialströmung. Nach dem Gesagten ist demnach jede wirbelfreie Strömung eine Potentialströmung[1].

Bei einer idealen reibungsfreien Flüssigkeit können in einer einmal wirbelfreien Strömung auch keine Wirbel entstehen, da die alsdann allein wirksamen Kräfte der Schwere und die Trägheitskräfte stets im Schwerpunkt der Teilchen angreifen. Somit muß eine reibungsfreie Flüssigkeitsströmung auch stets eine

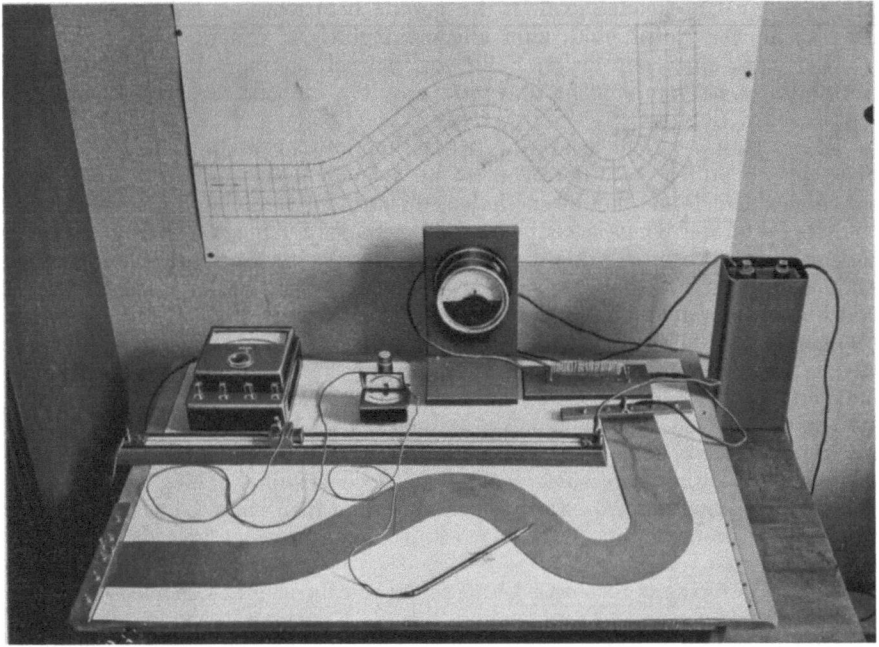

Abb. 1. Bestimmung der Potential- und Stromlinien in einer beliebig gekrümmten Flußstrecke mittels des elektrischen Verfahrens.

Potentialströmung oder eine wirbelfreie Strömung sein. Wegen den dynamischen Bedingungen, welchen eine Flüssigkeitsbewegung genügen muß, lassen sich nicht alle Potentialbewegungen verwirklichen. So kann z. B. die Bahnlinie eines Wasserteilchens keine scharfen Kanten aufweisen, da dies unendlich große Kräfte (Drücke) bedingen würde.

Die Auffindung solcher Funktionen, welche die bestehenden vorgeschriebenen Ränder (Ufer) der Strömung als Stromlinie ergeben, geschieht mittels der Theorie der komplexen Veränderlichen und bereitet in den allermeisten Fällen des praktischen Wasserbaues unüberwindliche Schwierigkeiten. Bei einer zweidimensionalen Wasserbewegung in der lotrechten x-z-Ebene (Überfallproblem) kommt als weitere Randbedingung die freie Oberfläche hinzu, deren Bestimmung die Schwierigkeiten einer analytischen Behandlung noch weiter erhöht. Wenn auch manches wasserbauliche Problem bereits rein analytisch gelöst wurde, so würde doch eine solche Behandlung für praktische Fälle zu zeitraubend und ein zu weitgehendes Eindringen in die mathematischen Zusammenhänge voraussetzen.

---

[1] Näheres hierüber siehe unter anderem W. KAUFMANN: Angewandte Hydromechanik. Berlin: Julius Springer 1931.

Für den praktischen Wasserbau bieten sich jedoch einfachere Wege, um für gegebene Randwerte die Potentialströmung zu bestimmen. Diese Verfahren können Versuchsverfahren sein, wobei von der Analogie der trägheitslosen

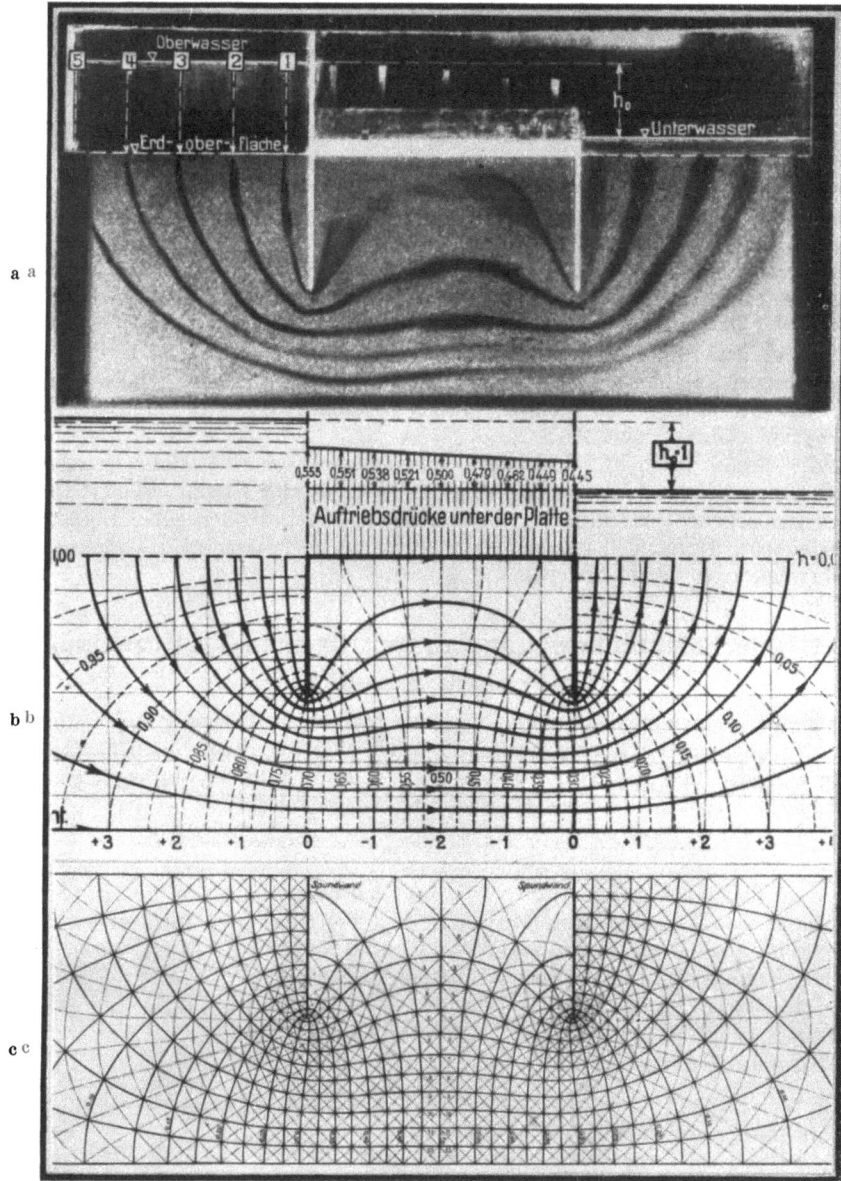

Abb. 2a bis c. Vergleich der auf verschiedenem Wege ermittelten Strom- und Potentiallinien. a Mittels der Sickerströmung (nach HOFFMANN); b auf Grund der Theorie errechnet (nach HOFFMANN); c auf elektrischem Wege mit der in Abb. 1 dargestellten Vorrichtung.

laminaren Strömung des Wassers, die bekanntlich ein Potential besitzt, sowie von der Analogie der elektrischen Strömung mit der Potentialströmung Gebrauch gemacht werden kann.

Beide Strömungen gehorchen der Bedingung der Wirbelfreiheit und der Kontinuität. Im Karlsruher Flußbaulaboratorium wurde vom Verfasser das elektrische Verfahren zur Bestimmung der Strom- und Potentiallinien benützt, wobei als Leiter Neusilberblech von 0,1 mm Stärke verwendet wurde. Dieses Verfahren hat gegenüber dem elektrolytischen Verfahren den Vorteil, daß mit Gleichstrom und dementsprechend empfindlicheren Anzeigeinstrumenten gearbeitet werden kann. Auch ist die Herstellung eines Flußlaufes aus Blech mit einfachen Mitteln möglich. Andererseits können mit diesem Verfahren nur zweidimensionale oder rotationssymmetrische Strömungsfelder untersucht werden (Abb. 1).

Auch zeichnerisch läßt sich bekanntlich das Potentialliniennetz auf einfache Weise konstruieren, insbesondere, wenn man das durch Potential und Stromlinien entstehende Netz quadratisch wählt. Ein solches quadratisches Netz läßt sich in gegebene Randbegrenzungen nur auf eine Weise, also eindeutig einzeichnen. Hierbei kann zur allmählichen Verbesserung des Netzes von der Diagonalkontrolle Gebrauch gemacht werden. Ein weiteres zeichnerisches Verfahren wurde von WEINIG[1] angegeben und beruht auf der Tatsache, daß Isotachen und Isoklinen sich ebenfalls rechtwinkelig schneiden, da sie den Realteil und Imaginärteil einer komplexen Veränderlichen darstellen. Ein Vergleich der Ermittlung der Potential- und Stromlinien nach dem Versuchsverfahren mittels der Sickerströmung, dem rein analytischen nach HOFFMANN[2] und dem elektrischen Verfahren zeigt Abb. 2.

Von diesen versuchstechnischen oder zeichnerischen Verfahren wird der Bauingenieur Gebrauch machen, um den Verlauf der Strom- und Potentiallinien für gegebene Randbedingungen eines Überfalles oder einer Flußstrecke zu ermitteln. Damit soll jedoch das analytische Verfahren für bestimmte Fälle keineswegs ausgeschaltet werden.

C. Die Potentialbewegung in gekrümmten Flußstrecken.
1. Die einfache Kreisströmung.

Betrachtet man zunächst den einfachsten Fall einer Strömung in gekrümmten Bahnen, nämlich die Kreisströmung, bei der sich die Stromlinien als konzentrische Kreise und die Potentiallinien als radiale Strahlen ergeben, so stellt sich hierbei bekanntlich eine Geschwindigkeitsverteilung

$$v = \frac{C}{r}$$

ein, d. h. die Geschwindigkeiten verhalten sich umgekehrt wie die Halbmesser. Je weiter das Teilchen vom Mittelpunkt der Krümmung entfernt ist, desto kleiner wird seine Geschwindigkeit.

Die Potentialfunktion einer Kreisströmung lautet[3]

$$\varphi = - C \operatorname{arc\,tg} \frac{y}{x},$$

die Stromfunktion

$$\psi = C \ln \sqrt{x^2 + y^2}.$$

Damit werden die Geschwindigkeitskomponenten

$$v_y = \frac{\partial \varphi}{\partial y} = - \frac{C x}{x^2 + y^2} = - \frac{C x}{r^2}$$

und

$$v_x = \frac{\partial \varphi}{\partial x} = \frac{C y}{x^2 + y^2} = \frac{C y}{r^2}.$$

---

[1] WEINIG, F.: Die ebene Potentialströmung in gewöhnlichen Krümmern. Wasserkr. u. Wasserwirtsch. 1934, H. 17, S. 193.
[2] HOFFMANN, R.: Grundwasserströmung unter Wehren. Wasserwirtsch., Wien 1934, H. 18, 19, 20 u. 21.
[3] Böss, P.: Anwendung der Potentialtheorie. Bauingenieur 1934, H. 25/26, S. 251.

Die Geschwindigkeit v ergibt sich alsdann zu

$$v = \sqrt{\frac{C^2 x^2}{r^4} + \frac{C^2 y^2}{r^4}} = \frac{C}{r}, \quad \text{da} \quad \sqrt{x^2 + y^2} = r$$

ist.

Für eine Stromkrümmung, wie sie in Abb. 3 dargestellt ist, kann mit guter Annäherung die Strömung in der Umgebung des Scheitels als Kreisströmung betrachtet werden, obschon dies streng genommen nur für einen kleinen Bereich zutrifft.

Es läßt sich auch auf anderem Wege beweisen, daß für die Kreisströmung nur eine Geschwindigkeitsverteilung nach dem Gesetz $v = C/r$ möglich ist, da keine andere Verteilung gleichzeitig dem BERNOULLIschen Energiegesetz genügen würde. Geht man von der Bewegung eines Teilchens in einer gekrümmten Bahn aus, so ergibt sich auf Grund der Abb. 4 die auf das Teilchen von der Masse m wirkende Kraft zu

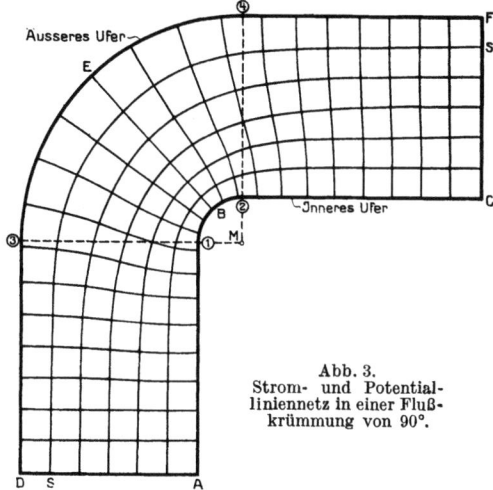

Abb. 3. Strom- und Potentialliniennetz in einer Flußkrümmung von 90°.

$$P = \frac{m v^2}{r},$$

worin $P = dl \cdot t \cdot \gamma \cdot dh = dl \cdot t \cdot \gamma \cdot J \cdot dr$, da $J = dh/dr$ ist. Die Masse m ergibt sich zu

$$m = \frac{dr \cdot dl \cdot t \cdot \gamma}{g}$$

und somit das zur Umlenkung des Teilchens notwendige Quergefälle des Flüssigkeitsspiegels zu

$$J = \frac{v^2}{g r}.$$

Für eine wirbelfreie und stationäre Strömung, die hier vorausgesetzt wird, ist die Strömungsenergie im ganzen Strömungsfeld konstant. Man darf demnach

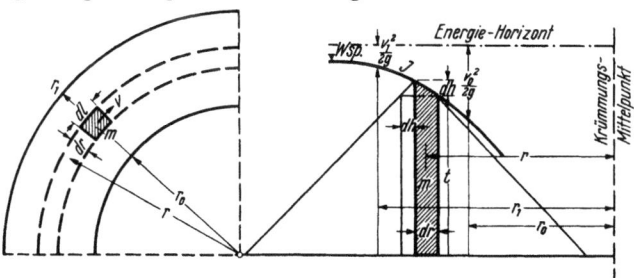

Abb. 4. Bestimmung des Quergefälles des Flüssigkeitsspiegels bei gekrümmten Bahnen.

das BERNOULLIsche Energiegesetz quer zum Strom, d. h. in Richtung des Halbmessers in seiner einfachsten Form:

$$\frac{p}{\gamma} + h + \frac{v^2}{2g} = C$$

ansetzen.

Es ergibt sich alsdann

$$J = \frac{dh}{dr} = \frac{v^2}{gr}; \quad h = \int_{r_0}^{r} \frac{v^2 \, dr}{g r}$$

oder, da
$$h = \frac{v_0^2}{2g} - \frac{v^2}{2g}$$

sein soll
$$\frac{v_0^2}{2g} - \frac{v^2}{2g} = \int_{r_0}^{r} \frac{v^2 \, dr}{gr} \quad \text{oder} \quad -\frac{v \, dv}{g \, dr} = \frac{v^2}{gr}.$$

Mithin
$$-\frac{dv}{v} = \frac{dr}{r} \quad \text{oder} \quad \underline{v = \frac{C}{r}}.$$

Es ist somit kinematisch und dynamisch eine andere Verteilung der Geschwindigkeit bei kreisförmigen Bahnen nicht möglich.

Bei Betrachtung dieses Ergebnisses ergibt sich ein Widerspruch zwischen der Potentialströmung und der Beobachtung in manchen praktischen Fällen, da sich die größte Geschwindigkeit in den Flüssen oft nicht am inneren, sondern am äußeren Ufer vorfindet. Über den Grund dieser Abweichung wird später berichtet werden. Besonders sei aber erwähnt, daß die Annahme, das Wasser bewege sich in einer Stromkrümmung etwa in der gleichen Weise wie in einem Rotationsgefäß, nämlich mit der Geschwindigkeitsverteilung $v = \omega \cdot r$, in absolutem Widerspruch mit den hydrodynamischen Ansätzen steht. Eine solche Geschwindigkeitsverteilung würde, wie ersichtlich, eine starke Abnahme des Energiehorizontes nach dem inneren Ufer zu voraussetzen.

2. Die Wasserbewegung in beliebig gekrümmten Flußstrecken.

Für beliebig gekrümmte Flußstrecken, bei denen sich die Randbedingungen (Ufer) nicht in analytischer Form darstellen lassen, und die Geschwindigkeitsverteilung demgemäß völlig unbekannt ist, muß die Ermittlung der Potential- und Stromlinien mit einem der angegebenen Versuchs- oder zeichnerischen Verfahren erfolgen. Wählt man das elektrische Verfahren mit Neusilberblech als Leiter, so muß hierbei naturgemäß die Geschwindigkeitskomponente in der Normalen unberücksichtigt bleiben, d. h. der Vorgang kann nur zweidimensional behandelt werden. Dies wird in den allermeisten Fällen auch vollständig genügen. Da die Pole selbst Potentiallinien darstellen, so müssen sie zweckmäßig so gewählt werden, daß ihre Richtung ungefähr rechtwinkelig zur Strömung ist. Die Potentiallinien sind alsdann Linien gleicher Spannung gegenüber den Polen.

Auf Abb. 1 sind die Potential- und Stromlinien für das in Teil I mehrfach dargestellte Beispiel einer Modellflußstrecke (s. Abb. 2, Teil I) zu ersehen.

Wesentlich anders gestaltet sich die Auffindung des Potentialliniennetzes bei Abflußvorgängen in lotrechten Ebenen, wie z. B. bei der Überströmung eines Wehres. Hier ist nur eine Randbedingung, nämlich die Sohle bekannt, während sich die freie Oberfläche auf Grund der dynamischen Bedingung eines konstanten Druckes einstellt. Unter den unendlich vielen Möglichkeiten der oberen Randbegrenzung muß somit diejenige Potentialströmung aufgesucht werden, welche die Bedingung erfüllt, daß die an der oberen Begrenzung auftretenden Geschwindigkeiten einen konstanten Druck ergeben. Auch hier wird für praktische Fälle zunächst nur der Weg des Probierens in Frage kommen. Nach einer ersten Annahme der freien Oberfläche, die den Vorgängen möglichst gerecht wird, muß diese durch allmähliche Änderung so lange verbessert werden, bis die längs der freien Oberfläche sich ergebende Geschwindigkeitshöhe gleich dem Abstand der freien Oberfläche von der Energielinie ist.

D. Die Ermittlung der Geschwindigkeits- und Druckverteilung auf Grund der Potentiallinien.

Aus den Strom- und Potentiallinien kann die Geschwindigkeits- und Druckverteilung über den ganzen Querschnitt errechnet werden. Da zwischen zwei begrenzenden Stromlinien die Durchflußmenge stets konstant bleiben muß, so folgt, daß sich die Geschwindigkeiten umgekehrt wie die Abstände zweier benachbarter Stromlinien verhalten. Der Vergleichswert muß aus dem Abstand der Linien für die anschließende Parallelströmung oder aus der bekannten Abflußmenge, d. h. dem Integral längs einer Potentiallinie ermittelt werden. Die so bestimmte Geschwindigkeitsverteilung für den Fall der einfachen Krümmung ist für das innere und äußere Ufer aus Abb. 5 ersichtlich.

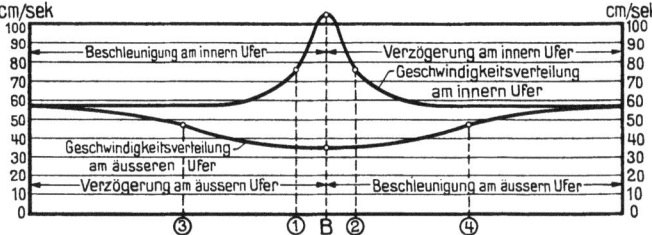

Abb. 5. Geschwindigkeitsverteilung entlang dem äußeren und inneren Ufer für die in Abb. 3 dargestellte Krümmung.

Sind die Geschwindigkeiten bekannt, so kann auf Grund des BERNOULLIschen Gesetzes unter der Voraussetzung gleicher Strömungsenergie im ganzen Strömungsgebiet die Druckverteilung bzw. bei freiem Wasserspiegel mit konstantem Atmosphärendruck die Wasserspiegeloberfläche ermittelt werden, wie dies auf Abb. 6 für die einfache Krümmung geschehen ist. Die gleiche Strömungs-

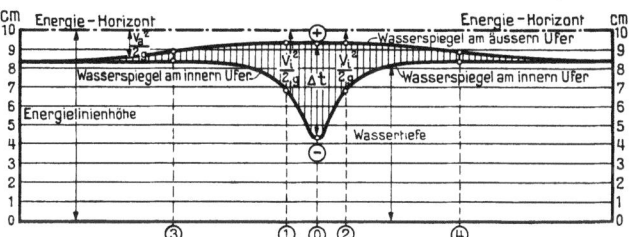

Abb. 6. Verlauf der Wasserspiegeloberfläche entlang dem äußeren und inneren Ufer für die in Abb. 3 dargestellte Krümmung.

energie ist bei wirbelfreier stationärer Bewegung über dem gesamten Wasserlauf stets vorhanden.

Die Potentiallinien selbst sind bei einer mit Trägheit behafteten Strömung nicht Linien gleichen Druckes, sondern vielmehr Linien gleicher Beschleunigungsdrücke, da sich eine mit Trägheit behaftete Strömung im Gegensatz zur Sickerströmung bekanntlich nicht längs des größten Druckgefälles bewegt. Für den Fall einer trägheitslosen Strömung (Sickerströmung) sind dagegen die Potentiallinien mit den Linien gleichen Druckes identisch. Bei einer Bewegung in einer horizontalen Ebene müssen die Drücke nach der Tiefe zu statisch verteilt sein, da in dieser Richtung keine Beschleunigungskräfte wirksam sind. In diesem Falle bestimmt der Druckverlauf die Oberfläche des Wasserspiegels, längs einer Lotrechten herrscht somit konstante Geschwindigkeit.

Bei einer Wasserbewegung in der lotrechten Ebene sind die Drücke nach der Tiefe, infolge der in dieser Richtung wirkenden Beschleunigungen, nicht statisch verteilt, wodurch sich in ein und derselben Lotrechten sehr verschiedene

Geschwindigkeiten ergeben können, die aus dem Potentialliniennetz ermittelt werden müssen.

Der Verlauf des Druckes ist, wie gleich gezeigt werden soll, bestimmend für die gesamte Wasser- und Geschiebebewegung. Hierbei ist in erster Linie folgendes festzustellen:

Wasserteilchen, welche aus Gebieten von höheren Drücken in solche von niedrigeren Drücken eindringen, erfahren eine Beschleunigung, während die Wasserteilchen, welche von geringeren in höhere Drücke eindringen müssen, eine Verzögerung erfahren. Man kann demgemäß bei der einfachen Krümmung zwei Gebiete mit Beschleunigung und zwei Gebiete mit Verzögerung feststellen, wobei naturgemäß in den Beschleunigungsstrecken ein starker und in den Verzögerungsstrecken ein geringer Wasserabfluß vorhanden ist.

Dies alles gilt zunächst nur für die ideale reibungslose Flüssigkeitsströmung, bei der diese Umsetzungen von Druck in Geschwindigkeit und umgekehrt ohne Störungen oder Verluste erfolgen.

E. Die Abweichungen der wirklichen Strömung von der Potentialbewegung, ihre Ursachen und Auswirkungen.

1. Die Ablösungserscheinungen.

Verlassen wir jetzt die ideale Strömung und wenden uns der mit Reibung und Energieverlust behafteten Strömung zu, so ist zunächst die Tatsache von grundlegender Bedeutung, daß die Teilchen aus den Gebieten mit geringen Drücken infolge der abbremsenden Wirkung der Wand- und Sohlenreibung nicht mehr in die Gebiete höheren Druckes eindringen können, sich daher von der Wand ablösen und schließlich zur Umkehr in entgegengesetzter Richtung gezwungen werden. Die näheren Vorgänge in dieser von PRANDTL erforschten Grenzschicht sollen hier als bekannt vorausgesetzt werden. In den Beschleunigungsstrecken dagegen treten diese Vorgänge nicht auf, woraus die Tatsache erhellt, daß sich beschleunigte Bewegungen fast genau als Potentialbewegung ausbilden, während sich bei verzögerten Bewegungen durch die Ablösung, und der dadurch bedingten Wirbel- und Walzenbildung das gesamte Strömungsbild grundlegend ändern kann. Die ursprüngliche Potentialströmung wird dadurch zerstört, es treten neue Randbedingungen auf.

Interessant ist hierbei, wie aus Abb. 6 und (S. 4, Teil I) zu ersehen ist, daß sich auch am äußeren Ufer Ablösungen einstellen, wo sie im allgemeinen nicht vermutet werden. Dieser Vorgang entspricht aber, wie aus Abb. 6 deutlich ersichtlich, durchaus den theoretischen Erwägungen, da auch hier Teilchen von geringem Druck in Gebiete mit höherem Druck eindringen müssen.

Es sei hier gleich vorweggenommen, daß es eine besonders wichtige Aufgabe des wasserbaulichen Versuchswesens ist, die für die Ablösung gültigen Ähnlichkeitsgesetze zu bestimmen, wobei besonders der Einfluß der Reibung und einer Modellverzerrung eine wesentliche Rolle spielt.

2. Die Entstehung der Spiralströmung in gekrümmten Flußstrecken.

Eine weitere einschneidende Veränderung der wirklichen Strömung gegenüber der Potentialströmung ergibt sich durch die infolge der Reibung bedingte verschiedene Geschwindigkeitsverteilung in der Lotrechten.

Das Quergefälle in der Krümmung stellt sich gemäß der mittleren Geschwindigkeit in der Lotrechten zu

$$J = \frac{v_m^2}{g\,r}$$

ein und ist damit eindeutig festgelegt. In der Lotrechten, über welcher sich ein solcher Wert J ausbildet, gibt es jedoch Wasserteilchen, die infolge der Sohlenreibung wesentlich langsamer und entsprechend solche, die wesentlich schneller als die mittlere Geschwindigkeit die gekrümmte Bahn durchlaufen. In ganz besonders starkem Maße trifft dies für das an der Sohle wandernde Geschiebekorn zu, welches eine noch erheblich geringere Geschwindigkeit als das begrenzende Wasserteilchen besitzt.

Da für jedes Teilchen Gleichgewicht zwischen den Druck- und Beschleunigungskräften bestehen muß, so folgt, daß für Teilchen mit $v < v_m$ (Sohle) das Quergefälle zu groß ist, mithin das Teilchen in eine stärker gekrümmte Bahn gezwungen wird, während für Teilchen $v > v_m$ (Oberfläche) das Quergefälle zu klein ist und das Teilchen daher in einer schwächer gekrümmten Bahn verlaufen muß. Somit ergibt sich die in Abb. 7 schematisch dargestellte Strömung für die Sohlen- und Oberflächenteilchen, die am Modell und in der Natur beobachtet werden können.

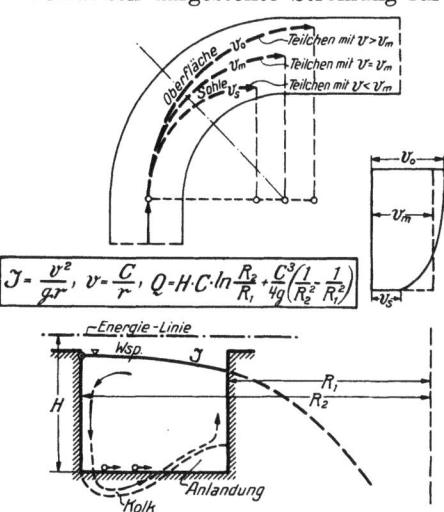

Abb. 7. Entstehung der Spiralströmung und der Kolke in gekrümmten Flußstrecken.

Infolge der Kontinuität müssen sich aber die nach außen gelangten Oberflächenteilchen und die nach innen gedrückten Sohlenteilchen nach Verlassen der Krümmung wieder ausgleichen, so daß die in Abb. 7 gezeigte Querströmungskomponente entsteht, die in Verbindung mit der Längsströmung die sog. Spiralströmung bildet. Da die Querströmung hinter der Krümmung nur der Ausgleich der durch die verschiedene Geschwindigkeit der Teilchen bedingten Richtungsänderung der Teilchen ist, so braucht sich hierbei eine Strömung etwa in einer geschlossenen Kreisbahn (Walze) nicht auszubilden, was auch durch eingehende Versuche bestätigt wurde. Insbesondere findet eine vollständige Durchmischung des Wassers aus diesem Grunde in einer Krümmung nicht statt. Das Wesentliche dieser Strömung ist, daß die langsamer fließenden Teilchen an der Sohle nach innen, die schneller fließenden Teilchen an der Oberfläche nach außen gedrängt werden, wobei es aber nicht auf das Gewicht der Teilchen, etwa wie bei einer Zentrifugalwirkung, sondern auf die Geschwindigkeitsunterschiede in einer Lotrechten ankommt.

Bekanntlich ist die Frage, wie sich in einer geraden Flußstrecke die Querströmung einstellt, noch nicht entschieden, zumal man hier den widersprechendsten Ansichten über die auftretenden Querwalzen begegnet. Das Maßgebende hierbei scheint aber die hier gezeigte Querbewegung durch die Geschwindigkeitsunterschiede bei gekrümmten Bahnen zu sein, wobei zu beachten ist, daß sich eine solche Querbewegung auch bis zu einem gewissen Maße noch in die anschließende Gerade fortsetzen kann oder gar durch anschließende Gegenkrümmungen besonders verwickelten Gesetzen folgt.

Jedenfalls wird die Querströmung in unterhalb liegenden anschließenden geraden Strecken durch die Querströmung in der Krümmung beeinflußt. Vorgänge in geraden Strecken können daher nur unter Berücksichtigung der obenliegenden Strecken betrachtet und gewertet werden.

3. Die Umgestaltung des Flußbettes auf Grund der Spiralströmung und ihre Verhinderung.

Infolge der Querströmung, welche am äußeren Ufer von oben her nach dem inneren Ufer (s. Abb. 7) verläuft, wird die bewegliche Sohle am äußeren Ufer angegriffen und das Material nach dem inneren Ufer befördert. Es ist dies der gleiche Vorgang, wie er auch unter dem Staupunkt an Brückenpfeilern an der Sohle beobachtet wird. In beiden Fällen gelangt durch überschüssiges Quergefälle dauernd geschiebefreies Wasser von oben her auf die Sohle, sättigt sich dort mit Sohlenmaterial und befördert dieses in Gebiete mit höheren Wassergeschwindigkeiten. Auf diese Weise entsteht in einer Krümmung der Kolk am äußeren und die Anlandung am inneren Ufer. Da die Querströmung hauptsächlich erst unterhalb des Krümmungsscheitels einsetzt, so befindet sich der Kolk auch stets etwas unterhalb des Scheitels.

Die Umgestaltung der Flußsohle ist somit lediglich eine Folge der Querströmung, also des Quergefälles, und ist nicht etwa durch eine erhöhte Geschwindigkeit am äußeren Ufer bedingt, da sich diese im einigermaßen regelmäßigen Querschnitt zunächst kleiner als am inneren Ufer ergibt.

Wird die Spiralströmung durch den Einbau von entgegengesetzt wirkenden Leitschwellen unterbunden, so kann, wie neuere Versuche gezeigt haben, der Kolk am äußeren Ufer bei sonst gleichen Bedingungen fast restlos vermieden werden. Solche Leitschwellen bilden ein wirksames Mittel, die gleichmäßige Ausbildung des Querschnittes auch in der Krümmung zu erzwingen.

Die Entstehung der Kolke in gekrümmten Flußstrecken beruht mithin auf folgenden Vorgängen:

1. Durch Reibungseinflüsse ist die Geschwindigkeit an der Sohle kleiner als die mittlere Geschwindigkeit.
2. Wasserteilchen, deren Geschwindigkeit kleiner als die mittlere Geschwindigkeit ist, beschreiben wegen des zu großen Quergefälles eine stärker gekrümmte Bahn.
3. Die durch 2. bedingte Spiralströmung ist die Ursache für den Kolk.

Nachdem ein Flußbett in der Krümmung zu einem unregelmäßigen Querschnitt umgestaltet ist, wird die Geschwindigkeit nach und nach am äußeren Ufer vergrößert und am inneren Ufer infolge der dort vorhandenen kleinen Wassertiefe verringert. Diese Änderung der Geschwindigkeitsverteilung ist eine Folge des stark verschiedenen hydraulischen Radius und kann in manchen Fällen so weit gehen, daß die durch die Potentialbewegung ursprünglich bedingte Geschwindigkeitsverteilung $v = C/r$ zum mindesten verwischt wird. Auch die Ablösung der Strömung wirkt im gleichen Sinne, d. h. verzögernd auf die Geschwindigkeit am inneren Ufer.

Trotzdem konnte in einigermaßen regelmäßigen natürlichen Stromkrümmungen mit nicht zu starker Umgestaltung des Querschnittes eine deutliche, der Theorie entsprechende Geschwindigkeitsverteilung gemessen werden.

F. Vergleich der Versuchsergebnisse mit der Potentialströmung.

Zur Überprüfung der mittels der Potentialtheorie errechneten Werte wurden eine Anzahl Wassermessungen an natürlichen gekrümmten Flußstrecken, wie auch die an Modellen gewonnenen Versuchsergebnisse jeweils mit den Gesetzen der Potentialströmung verglichen.

Für eine zweidimensionale Strömung in der lotrechten Ebene mit freier Oberfläche, wobei sich infolge der in Richtung der Schwere wirkenden Beschleunigungskräfte keine statische Druckverteilung einstellt, zeigt Abb. 8 einen von Dr. STRAUB[1] berechneten Vergleich zwischen Versuchsergebnis und Potentialtheorie, wobei der freie Wasserspiegel durch ein Probeverfahren ermittelt wurde. Hier zeigt sich trotz der unterhalb der Schwelle vorhandenen verzögerten Wasserbewegung eine recht gute Übereinstimmung, sowohl bei der

---

[1] STRAUB: Grundschwellen. München u. Berlin: R. Oldenbourg 1937.

Die Berechnung der Wasserbewegung in gekrümmten Flußstrecken. 41

Wasserspiegeloberfläche, als auch in der Druckverteilung. Dies hängt damit zusammen, daß in der Verzögerungsstrecke noch keine Ablösung eintritt.

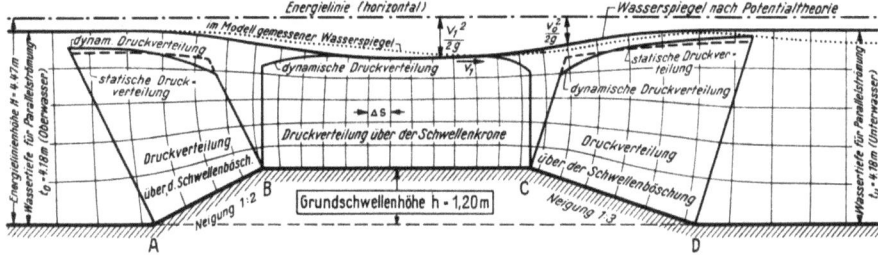

Abb. 8. Abfluß über eine Grundschwelle. Vergleich der aus der Potentialtheorie ermittelten Druckverteilung und der freien Wasserspiegeloberfläche mit den im Modell gemessenen Werten.

Durch das ermittelte Potential- und Stromliniennetz ist für das gesamte Strömungsfeld die Geschwindigkeit und der dynamische Druck bekannt.

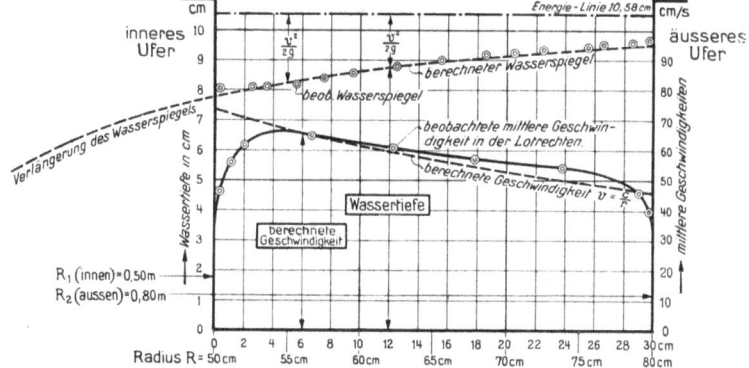

Abb. 9. Vergleich der in einer Kanalkrümmung am Modell beobachteten Wasserspiegellage und Wassergeschwindigkeit mit den für eine Potentialströmung errechneten Werten. 2fach überhöht. Abflußmenge $Q = 15,25$ l/s, mittl. Tiefe $t = 8,92$ cm, $B = 30$ cm, Konstante $C = 3700$.

Abb. 9 zeigt den Verlauf der Oberfläche und die gemessene Geschwindigkeitsverteilung bei der Strömung durch eine einfache Krümmung und die dazu

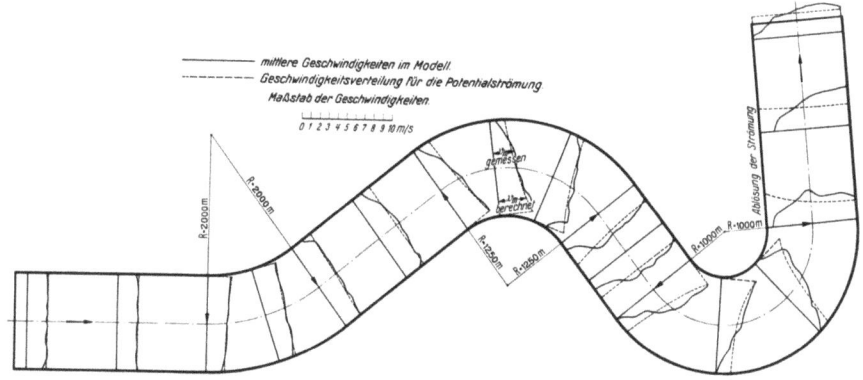

Abb. 10. Vergleich der auf Grund der Potentialtheorie ermittelten Geschwindigkeitsverteilung mit den im Modell gemessenen Werten bei einer gekrümmten Flußstrecke.

gehörenden Werte der Potentialströmung im Krümmungsscheitel, die sehr gut übereinstimmen. Insbesondere erkennt man die Zunahme der Geschwindigkeit nach dem inneren Ufer hin. Der beobachtete starke Abfall der Geschwindigkeit in unmittelbarer Nähe der Wand ist eine Folge der Wandreibung. Der Einfluß dieser Erscheinung auf den gesamten Abflußvorgang wird um so geringer werden, je größer die Breite des Flußbettes ist.

Abb. 10 stellt den Vergleich der im Modell gemessenen mit der auf Grund der Potentialtheorie ermittelten Geschwindigkeitsverteilung für das schematische Modell einer gekrümmten Flußstrecke dar. Hierbei lassen sich besonders lehrreiche Schlüsse ziehen. Während in der schwachen ersten Krümmung und auch bis zum Scheitel der zweiten stärkeren Krümmung eine sehr gute Übereinstimmung der Geschwindigkeiten herrscht, ist dies bei Beginn der Verzögerungsstrecke und dahinter in dem ausgebildeten Ablösungsgebiet nicht mehr der Fall. Das Bild der Potentialströmung ist hier vollständig zerstört, da sich gerade an denjenigen Stellen, an denen sich hohe Geschwindigkeiten ergeben müßten, Walzen und Aufwärtsströmungen vorfinden.

a b
Abb. 11 a und b. Wasserspiegeloberfläche in einer gekrümmten Flußstrecke. 1000fach überhöht. a Nach Beobachtung am Modell; b auf Grund der Potentialtheorie ermittelt.

Trotz dieser verhältnismäßig starken Abweichung der wirklichen Strömung von der Potentialströmung findet sich eine überraschende Übereinstimmung in der Ausbildung der Wasserspiegeloberfläche (Druckverteilung), wie es aus der Abb. 11 hervorgeht. Hier zeigt Abb. 11b ein Modell der Oberfläche des Wasserspiegels, wie er sich nach der Potentialtheorie einstellen müßte, und zwar in 1000facher Verzerrung. Da die Strömung reibungslos vorausgesetzt wird, so hat der Wasserspiegel kein Längsgefälle, wie aus der gleichen Höhe desselben am Anfang und Ende der Strecke hervorgeht. Zum Vergleich hierzu stellt die Abb. 11a den im Modell an 70 Stellen gemessenen Wasserspiegel dar, wobei sofort das starke Längsgefälle in Erscheinung tritt. Vergleicht man aber die Quergefälle, so kann eine außerordentlich gute Übereinstimmung zwischen Versuch und Theorie festgestellt werden. Besonders deutlich sind die Beschleunigungs- und Verzögerungsstrecken an den starken Senkungen und Hebungen des Wasserspiegels ersichtlich. Das starke Gegengefälle unterhalb des Krümmungsscheitels am inneren Ufer läßt deutlich erkennen, daß die Wasserteilchen aus Gebieten geringen Druckes (geringer Höhe) in Gebiete mit hohem Druck (großer Höhe) eindringen müßten. Infolge der in der Nähe der Wand auftretenden Reibungsverluste reicht hierzu die kinetische Energie der Teilchen nicht aus, so daß diese, noch bevor sie den höchsten Punkt ihrer Bahn erreicht haben, zunächst zur Ruhe kommen und alsdann von dem höheren Druck in entgegengesetzter Richtung, d. h. stromaufwärts beschleunigt werden. Das Ergebnis dieses Vorganges ist alsdann das in Abb. 5 und 6 (Teil I) ersichtliche Wirbelgebiet bzw. die Ablösung der eigentlichen Strömung von den ursprünglichen Randbedingungen. Bemerkenswert ist auch der Verlauf des Quergefälles, welches sich, wie ersichtlich, nach der Form eines RANKINEschen Wirbels entsprechend der Geschwindigkeitsverteilung $v = C/r$ und nicht nach einem Rotationsparaboloid einstellt, wie man vielfach den Wasserspiegel in Krümmungen noch angegeben findet. Auch bei natürlichen Flüssen konnte diese Form der Wasserspiegeloberfläche und auch eine zahlenmäßige Überhöhung desselben festgestellt werden, wie sie den Gesetzen der Potentialbewegung entsprechen muß.

G. Zusammenfassung.

Eine Behandlung und Berechnung der Abflußvorgänge, bei der die hydrodynamischen Gesetze als Grundlage dienen, und bei der nur die Abweichungen auf empirischem oder Versuchswege ermittelt werden, verspricht das heute ziemlich verworrene Bild der praktischen Hydraulik einheitlicher zu gestalten und diese mit den physikalischen Grundgesetzen besser in Einklang zu bringen.

Das hier gezeigte Beispiel der Wasserbewegung in gekrümmten Flußstrecken zeigt, daß die aus der Anwendung der Theorie gewonnenen Ergebnisse in guter Übereinstimmung mit den wirklichen Vorgängen stehen. Die praktische Anwendung der Theorie für den Ausbau gekrümmter Flußstrecken ist im ersten Teil von Professor Dr.-Ing. WITTMANN behandelt.

Zur Überprüfung der Abweichungen zwischen Theorie und wirklicher Flüssigkeitsströmung nach Größe und Richtung wird einerseits die Naturbeobachtung, andererseits der wasserbauliche Modellversuch herangezogen werden müssen. Hierbei sollen aber nicht aus der Beobachtung heraus neue empirische Formeln aufgestellt werden, sondern diese dürfen lediglich einer Bestimmung der durch Strömungsverluste bedingten Abweichungen der wirklichen von der idealen Flüssigkeitsströmung dienen.

MIX
Papier aus verantwortungsvollen Quellen
Paper from responsible sources
FSC® C105338

If you have any concerns about our products,
you can contact us on
ProductSafety@springernature.com

In case Publisher is established outside the EU,
the EU authorized representative is:
**Springer Nature Customer Service Center GmbH
Europaplatz 3, 69115 Heidelberg, Germany**

Printed by Libri Plureos GmbH
in Hamburg, Germany